手工缠花
入门指南

晴耕雨读_Akira　编著

人民邮电出版社
北京

图书在版编目（CIP）数据

手工缠花入门指南 / 晴耕雨读_Akira编著. -- 北京：
人民邮电出版社，2021.10
ISBN 978-7-115-56493-1

Ⅰ．①手… Ⅱ．①晴… Ⅲ．①手工艺品－制作－指南
Ⅳ．①TS973.5-62

中国版本图书馆CIP数据核字(2021)第082025号

内 容 提 要

缠花是我国的一项传统手工艺。近年来，随着"国风"文化的流行，缠花逐渐走进了年轻人的视野。作为非物质文化遗产，传统缠花工艺往往通过口口相传、当面教授的方式来进行传承，本书则通过图文结合的方式对缠花基础技法进行总结、归纳，希望可以为传统文化爱好者以及手工爱好者提供参考。

本书共六章：第1章首先带领读者了解何为缠花，并介绍了制作缠花需要准备的工具、材料和配件等基础知识；第2章详细讲解了制作缠花的基础技法，包括蚕丝的整理归纳及劈丝方法、传统缠丝法、双面胶辅助缠丝法、不同花片的缠丝方法、花杆的制作与收尾等方面的内容，可以帮助初学者快速建立系统的缠花技法框架；第3章至第6章是从简到难、循序渐进的缠花实操练习讲解，囊括花、果、昆虫等各类常见案例，配合大量的步骤实拍照片与高清的饰品制作视频，为读者提供制作缠花饰品的基本思路。此外，本书在附录中对缠花制作过程中常见的问题进行了详尽的分析，并提供了相应的解决方案，可以帮助新手解决自学过程中遇到的各类问题。

本书图文精美、讲解细致，非常适合初学者系统地学习"缠花"这项传统手工艺，也适合其他手工爱好者及相关行业的从业者阅读、参考。

◆ 编　　著　晴耕雨读_Akira
责任编辑　宋　倩
责任印制　周昇亮

◆ 人民邮电出版社出版发行　　北京市丰台区成寿寺路 11 号
邮编　100164　　电子邮件　315@ptpress.com.cn
网址　https://www.ptpress.com.cn
北京九天鸿程印刷有限责任公司印刷

◆ 开本：787×1092　1/16
印张：12.5　　　　　　　　2021 年 10 月第 1 版
字数：320 千字　　　　　　2025 年 3 月北京第 8 次印刷

定价：90.00 元
读者服务热线：(010)81055296　印装质量热线：(010)81055316
反盗版热线：(010)81055315

◆ 前言 ◆

大家好，我是晴耕雨读_Akira，大家也可以叫我阿晴。

说到传统工艺，首先浮现在我们脑海中的大概就是刺绣、印染、漆器、竹编之类的名词。「缠花」这个词也许对于大多数人来说比较陌生。以我个人的观察，四五年前，知道缠花的人似乎寥寥无几。而随着国风文化的复兴，缠花以其低廉的入门成本以及简易的基础技法，从传统手工艺慢慢开始变成手工爱好者的新宠。我接触缠花也源于此。

缠花的历史说长不长，说短不短，就目前已知的一些史料推测，缠花源于明，盛行于清。自古女子有簪花的习惯，《晋书》曰「三吴女子相与簪白花，望之如素柰。」南宋辛弃疾的《汉宫春·立春日》中有句「春已归来，看美人头上，袅袅春幡。」鲜花美好却难以保存，用玉石、金、银做的簪钗、梳又价格昂贵，故而缠花作为平价造花工艺之一被民间爱美的姑娘们喜爱。

传统缠花通常有「铁骨」，「纸肉」，「丝皮」的说法。「铁骨」意为其支撑的骨架为铁丝，「纸肉」意为其造型乃纸胎所作。「丝皮」则说明蚕丝是其质感和色彩最直接的表现材料。如果说刺绣是布面上的作画艺术，那么可将缠花看作是蚕丝在纸面上创造出的「立体刺绣」。随着缠花工艺的不断创新，对制作材料的拓展和应用也在手工爱好者手里发生着各种革新。例如，各种保色铜丝可以替代传统的铁丝，以减少铁氧化带来的氧化物色透问题；又因对色彩和光泽度的更多需求，人造丝也在缠花工艺中占上了一席之地；再有对各种配件的创新运用使作品更加富于变化，不再局限于传统的造型、纹样。

缠花作为非物质文化遗产分成了多个流派，各个流派在风格、用料、寓意上都有着各自的特点。在本书中，我更多地想从配饰的实用性方面来给读者提供制作缠花的思路。出于这样的考虑，本书没有以传统造型作为切入点，而是以自然形态下的花草为引，辅之造型技巧，设计了一些简单的基础款发饰，以求抛砖引玉。缠花技艺入门易，但是创作好的作品一定需要作者的奇思巧构。希望读者通读本书后有所收获，举一反三，都能制作出属于自己的作品。

阿晴
二〇二〇年十月

目录

第1章 ◆

工作 制作缠花前的准备

初识缠花

◆ 什么是缠花

缠花是一种传统手工艺，在闽南地区又名"春仔花"。传统缠花分不同的流派，但制作方法大抵相同，都是以铁丝或铜丝为骨架，覆上各种形态的纸板形成纸胎，再缠绕各色丝线并通过组合、塑形，制造出花、鸟、鱼、虫、兽、果或字等造型。因其独特的制作工艺和美术效果，又有人称之为"立体刺绣"。

◆ 缠花的用途

传统缠花因其丰富的寓意，主要用作民俗礼仪性装饰。例如，在婚丧嫁娶、庆生祝寿等场合配合特定寓意的造型，体现喜庆、祝福、思念等不同情感。此外，小型的缠花可以佩戴于发间、胸前；大型的缠花可作为工艺美术品进行陈列、展示。

制作缠花必备材料与工具

◆ 材料

传统缠花分成不同流派，各流派对造型、色彩、材料有不同的要求。随着时代的发展，近年的国风潮使缠花逐渐走进大众的视野，材料的选择也逐渐多元化。本节为读者介绍的均为本书案例中所用到的材料，分为必备材料和非必备材料，非必备材料可以用其他材料代替。

必备材料

丝线

蚕丝线

蚕丝线可选用刺绣用丝线。丝线根据种类的不同，每根的股数会有所差异，所以制作缠花前需要进行劈丝操作。蚕丝线的优点是光泽柔和，不易滑线，成品平整度高；缺点则是易勾丝（如果手部皮肤粗糙，建议缠绕前先在手上涂抹护手霜以减少对丝线的勾带）。

丝光线

丝光线是人造化纤类丝线。一般购买到的丝线，每根由两股丝线绞成。制作缠花前同样需要劈丝；但有的丝线在两股绞得均匀的情况下不劈丝也可缠绕，只是在制作出的成品的丝线上可以看到均匀的螺纹。所以根据设计效果的不同可选择劈丝或不劈丝的操作。

丝光线的优点是光泽度高，价格便宜，不易勾丝；缺点是相对容易滑线，成品平整度稍不及蚕丝线缠花成品。

铜丝

建议使用保色铜丝。铁丝和非保色的铜丝在潮湿的环境下比较容易锈蚀，丝线缠绕较薄的情况下，锈迹可能使丝线染色，影响成品的保存时间。

一般使用的铜丝规格为 0.3mm（本书中的丝线尺寸规格均指直径，后同），如果制作较长的花瓣可以用 0.4mm 的铜丝来替换以提高支撑力。本书案例中还用到 0.5mm 的铜丝，主要起整体成品支撑作用，一般不用于局部缠花。

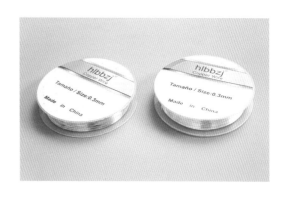

卡纸

卡纸的规格以300g为宜，也有店家称之为"名片纸"。尽量选择白色，以避免缠绕浅色丝线时透出卡纸的颜色。此外，废弃包装盒的卡纸也可以用来制作缠花哦。

胶水

珠宝胶

珠宝胶规格很多，可随意选择，主要用于配件的固定以及丝光线的收尾。

白乳胶

白乳胶主要用于蚕丝线的加固和收尾。如果只选用了蚕丝线，就只需准备白乳胶。

非必备材料

草稿纸

草稿纸主要用于花片设计打稿，无颜色要求。当然，可直接在卡纸上画稿，但是设计对称图形时建议先用草稿纸打稿再进行转印以制作花片纸胎。打稿方法后文有介绍。

绑杆线

收尾时要用到绑杆线。当然，也可直接使用缠花的丝线，单独购买绒线、QQ线等线材同样可行。图中展示的绑杆线为棕色绒线。

作者语

绒线光泽度好，不需要劈线。但是以作者的经验来看，非常不推荐新手用绒线来学习缠花，因为绒线非常容易勾丝。

内容拓展 | 蚕丝线与丝光线

蚕丝线与丝光线制作的成品效果对比

上面两图中，左边是用丝光线缠绕的花片，右边是用蚕丝线缠绕的花片。从图中我们可以看到丝光线缠绕的花片反光度更高（上文提到的光泽度高），想要成品有闪闪的效果推荐使用丝光线。但用丝光线缠绕时，由于线材较蚕丝线更硬，痕迹感就较蚕丝线更加明显，因而想要成品展现出柔顺、偏柔和的光泽度时，推荐使用蚕丝线。

蚕丝线与丝光线的使用对比

我们可以从制作时的手感、操作体验以及最终得到的效果三个方面来进行对比，见下表。

丝线类别	手感	操作体验	效果
蚕丝线	轻软	不易滑线	光泽温柔，线迹少，顺滑
丝光线	成束感较强	起头和收尾处稍易滑线	光泽强烈，线迹稍明显

丝线的配色选择

颜色搭配是一个主观命题，当头脑中没有明确的配色方案时，采用同一色系的深浅色搭配是一个基本不会出错的方法。

紫色系蚕丝线

紫色系丝光线

成品效果展示

蚕丝线的颜色

蚕丝线颜色非常丰富，同一色彩的蚕丝线在不同的光线下会呈现出不同的深浅变化。为避免色差，新手在选购蚕丝线时，可以通过多色的小支丝线组合来确认实际目视的效果。

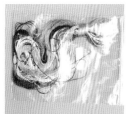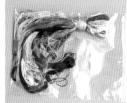

蚕丝线小支丝线组合

各色蚕丝线缠花成品效果展示

◆ 基础工具

必备工具

剪刀

一把使用起来较轻松的剪刀会使制作过程更加顺畅。

签字笔

签字笔用于花片打稿，尽量选择较细的笔芯。

具有圆柱形笔杆的笔

圆柱形笔杆用于花片弯曲塑形。本书中使用了三种尺寸的圆柱形笔杆。

非必备工具

镊子

直头镊子、弯头镊子均可。

手工钳

平头钳子用于弯折较粗的花杆；双圆头钳子用于球针或者9针的弯卷。

双面胶

如新手一开始掌握不好传统缠丝法，可用双面胶辅助缠丝法进行练习。两种方法在后文中均有详细介绍。

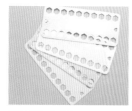

理线板与绕线板

用于线材的收纳和整理。

干燥剂

用于成品的防潮保存。

◆ 上色工具

制作渐变花片时，可以选用渐变色的丝线，也可用颜料直接进行染色。花片染色既可采用水彩颜料，也可使用纺织品专用染料。

水彩颜料与上色笔具

饰品配件介绍

◈ 饰品主体配件

保色的配饰有助于延长成品的保存期限，但是金属无法避免氧化，有效的防潮、防湿措施可以减缓氧化的速度。制作好的成品尽量收纳在密封袋或包装盒哦。

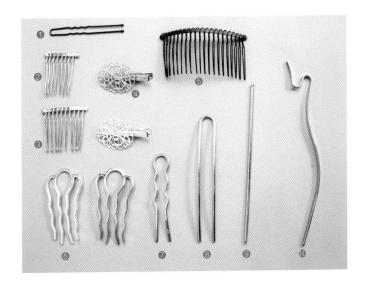

❶ 黑色小 U 钗

❷ 八齿梳

❸ 十齿梳

❹ 边夹

❺ 多齿梳

❻ 中号波浪形四齿梳

❼ 波浪形 U 钗

❽ U 钗

❾ 直棍簪

❿ 蛇形簪

◈ 饰品装饰配件

其他铜配

市面上的铜配品种丰富，本书案例中常用的铜配如下图所示，读者也可以选用不同款式进行替换。

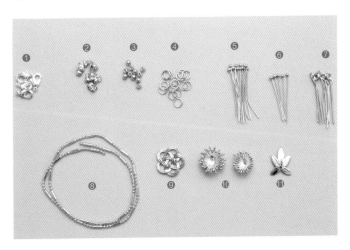

❶ 龙虾扣

❷ 侧开口包扣

❸ 镀金隔珠

❹ 开口圈

❺ 3cm 保色金球针

❻ 2.5cm 保色金球针

❼ 2.5cm 保色金 9 字针

❽ 金属流苏链

❾ 编绳形保色金铜配

❿ 中号、小号保色金属花蕊

⓫ 保色金枫叶铜配

珠玉配件

下图展示的是本书案例中常用的珍珠玉石类配件，大家也可以选
用不同款式进行替换。

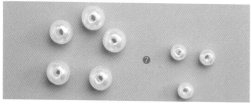

❶ 5～6mm 米形珍珠（白、粉）

❷ 5～6mm 近圆白珍珠

❸ 5～6mm 馒头珍珠

❹ 3～4mm 珍珠

❺ 4mm、3mm 玛瑙珠（红）

❻ 6mm、4mm 玛瑙珠（黄）

❼ 6mm、4mm 仿珍珠

◆ "花蕊" 配件

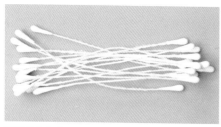

翻糖双头花蕊

翻糖花蕊又称石膏花蕊，其颜色丰富，造型多样。
除了图中所示的水滴状外，还有长条状、心形等
不同的形状。大家可以根据自己的喜好选购合适
的型号。

金线

金线由三股线构成，主要在制作梅花及荷花花蕊
时使用。使用时需要劈线分丝。

缠花纸胎花片的准备

纸胎花片是缠花造型结构中最为重要的一个部分。其花片形状设计关系着整个作品结构的和谐程度。本书为大家提供了所有案例中使用到的花片图纸，如果在学习的初期不能独立设计花片，可以参考图纸上的形状，多多练习，勤能补拙，通过多观察、多实践以熟练掌握花片的设计原理。

◈ 花片种类介绍

花片形状变化多样，结合基础的几种花片形状可以衍生出各种想要的形状。按照制作方法，基础形状分为以下三类。

叶形

基础叶形可用于制作多种造型，如桃花、枫叶、昙花、荷花等植物。

在基础叶形花片的基础上还可以衍生出不对称叶形、多弧边叶形等异形叶形花片，像风中的异形叶、彼岸花等形状不规则的花片就可以通过衍生叶形来制作。

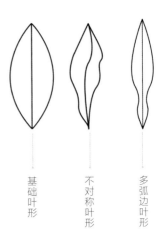

基础叶形　　不对称叶形　　多弧边叶形

并头弧形

并头弧形的花片中包含单弧形和多弧形。花片两端在收束时需要并在一起，中间不存在折点，形成上弧下尖的花片形态。一般牡丹花、芍药花等大花型使用这种形态的花片较为广泛。

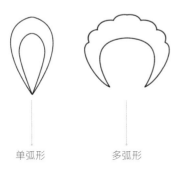

单弧形   多弧形

独片形

独片形花片类似于并头弧形花片，区别就是两端在收束时不并在一起。缠绕时根据使用情况的不同，存在两端收尾、一端收尾、两端均不收尾这三种情况。独片形花片一般用于云纹、细长叶片等纹样和造型的制作。

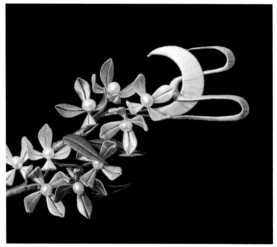

◈ 花片设计

基础原则——两头尖

通过观察花片的基础形状可以发现，无论哪
种花片都是两头渐变成尖角。

花片基础形状展示图

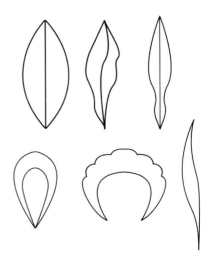

特殊效果

1. 当遇到一些无法直接设计成尖角的形状，
如圆形时，我们可以将图形进行拆解。

方法一：将圆形分成如同蚊香般的螺旋长条
形，见右图中的图形 1。

方法二：以圆心为点，将圆均分成若干份后
再进行拼合，见右图中的图形 2。

拆分圆形示意图

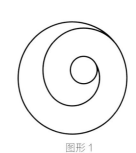 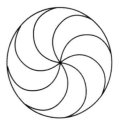

图形 1　　　　　　图形 2

2. 营造花瓣的立体效果。

方法一：最简单的方法是将缠好的花片弯卷
塑形（见下图中的图形 1）。

方法二：将平面状态下的花片的两端分开一
定距离，缠绕合并时花片自然便会有从平面
到立体的转变（见下图中的图形 2）。

图形 1

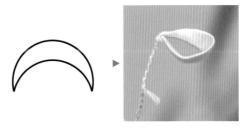

图形 2

◆ 花片打稿

对称叶形花片打稿

取一张草稿纸对折，以折边为中轴线画出花片半边的形状，用剪刀将图形剪下，这样就能得到左右对称的叶形花片。

弧形花片打稿

先在草稿纸上画出所需要的花瓣的大致形状，以便确定弧形花片的大小及弧度。然后找到花片中线大致的位置，对折草稿纸。沿一侧弧形剪下花片，裁剪过程中可以微调花瓣的形状和弧度。展开后即得到对称的弧形花片。

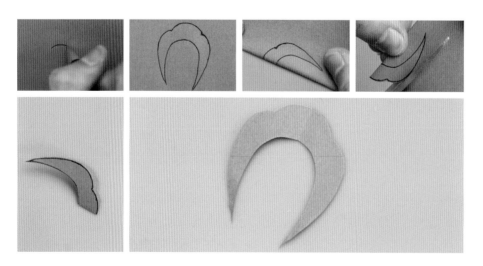

不对称花片

可以先在草稿纸上打稿，也可以直接在卡纸上绘画。

◆ 纸胎准备

花片转印

将剪下的花片草稿按在卡纸上描边，完成花片在卡纸上的转印。

花片剪裁

剪下卡纸上的花片，将其作为模板。（将其作为模板是因为在制作时很少只用到一片花片，而花片草稿在经过多次描边后，边缘会软烂变形，所以我们需要用卡纸做一个硬质的模板，有条件的情况下可以用塑料片制作模板以延长其使用寿命。）

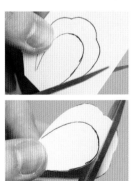

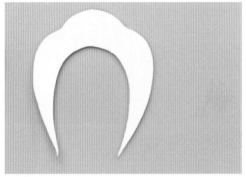

将模板按在卡纸上用笔描出需要的图形，数量足够后再一一剪下即可。

小提示：花片剪裁说明

剪裁时将描线剪去，剪去描线的原因如下。

1. 如果保留描线，则图形整体会比模板大。

2. 若描线处颜色很深，使用浅色丝线缠绕时有透色的风险。

第2章

缠花饰品及其基础制作技法

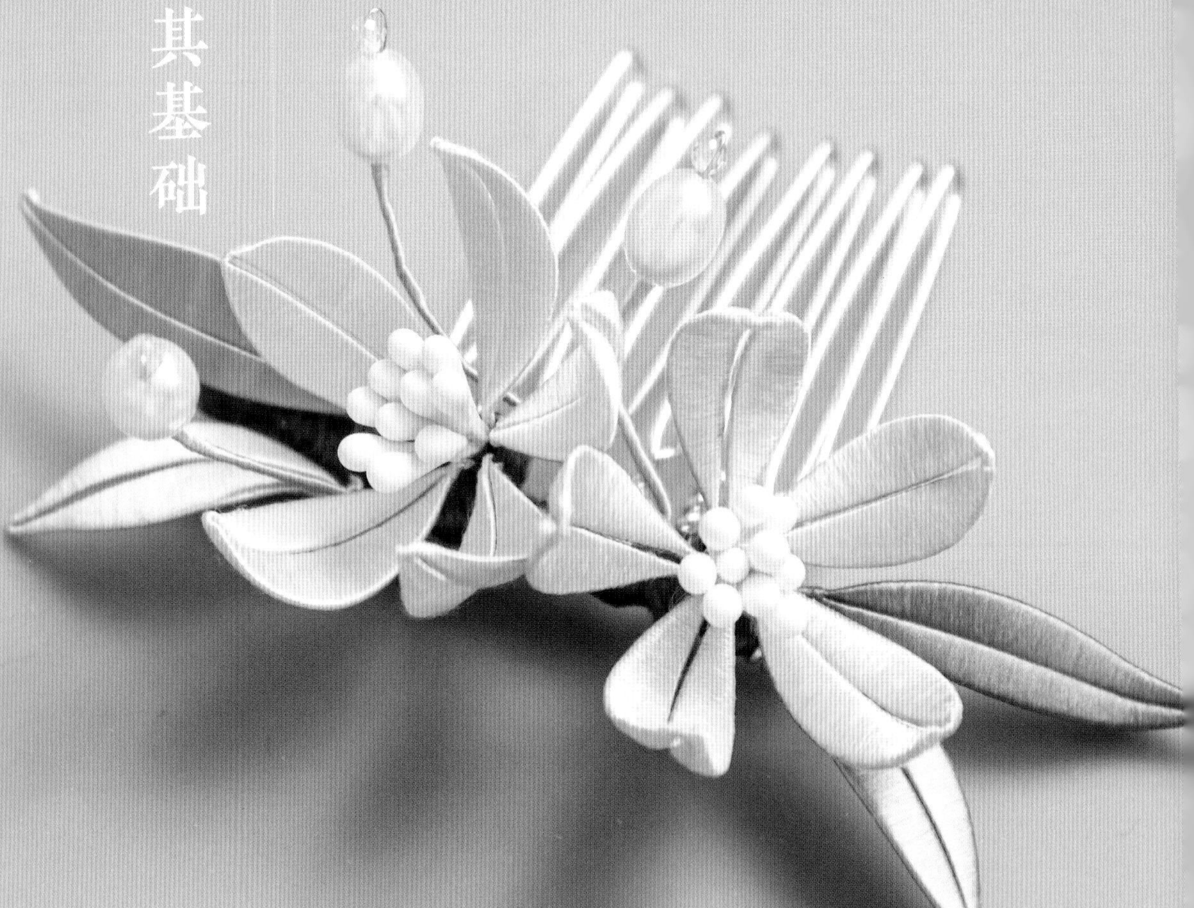

缠花饰品类型

缠丝的前期处理

花片缠丝技法（以基础叶形花片为例）

不同花杆的缠丝

花片的镶嵌装饰

花杆的制作与收尾

花朵的组合

缠花饰品类型

缠花作为装饰性工艺美术品，在实用性方面有着绝对优势。从古至今，缠花以其简单易学的工艺、性价比高的材料以及丰富多样的造型深得大众的喜爱。用缠花工艺来制作发饰、胸饰的传统可以追溯到数百年前。本书主要以发饰为例，从缠花工艺的基础技法着手，为读者提供缠花入门的基础知识。

◈ 簪

簪，单股发饰。以缠花制簪通常需要搭配簪棍等主体，簪的长短以及造型取决于搭配的发髻造型。佩戴缠花簪时，建议搭配密实的发髻，以避免簪棍因重力在发间滑动，从而导致簪头位置的缠花处于垂坠的状态。

此外，不使用簪棍等主体的缠花发饰被称为软簪。因其没有主体，簪体为铜丝枝干，可以随意掰折成不同的形态而得名。软簪在搭配发型时有较强的可塑造性，不管佩戴在什么位置都相得益彰。佩戴软簪时可以搭配黑色小 U 钗来固定。

三分梅花簪

云桂簪

兰花软簪

❖ 钗

钗，双股发饰。因其钗股成双的特点，佩戴时不易出现移位的现象。缠花钗在制作时收尾难度略大于缠花簪。制作以钗为主体的缠花发饰时，要根据搭配的发型确定上钗（即花朵的朝向）方向，避免因上钗方向错误而影响整体效果。

四分梅花钗
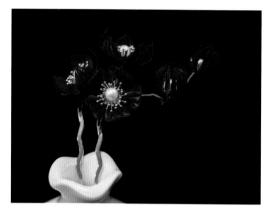

菊花钗

枫叶钗

❖ 梳

梳，多齿发饰。常见发梳的齿数少则四齿，多则二十余齿。发梳因其极佳的固定性适合搭配花型繁复的缠花成品。需注意，以发梳作为主体时也需留意花型的朝向和位置，避免弄错方向。

绣球花发梳

桃子发梳

仿点翠发梳

竹叶发梳

◆ 步摇

在簪、钗、梳等发饰上缀以流苏或搭配颤珠制作而成的饰品为步摇。流苏或颤珠会随步履而动，看起来十分轻盈、可爱。

按照佩戴的习惯，流苏可以制成固定式流苏或者可拆卸式流苏。

桃花簇步摇

银杏叶步摇

◈ 边夹（发夹）

边夹，也可叫作发夹，以金属夹为主体，适合搭配小型缠花。平面造型的缠花可以用胶进行固定，立体形缠花适合用铜丝进行固定。

在固定边夹款缠花主体时，一定要在边夹根部留出手指捏压的位置哦。

柿子边夹

缠丝的前期处理

不同材质缠花丝线的处理方式基本一致，其中以蚕丝线的处理最为复杂，故本节以蚕丝线为例来进行说明。

◈ 蚕丝线的整理收纳

蚕丝线含天然蛋白质成分，易因蛀蚀、受潮而发生形态变化或褪色，收纳时需要特别注意防潮防虫。蚕丝线包装有小支装、大支装和线轴装。入手小支装和大支装的蚕丝线后需进行整理收纳；线轴装的蚕丝线则无须整理，即拿即用，但是价格也会相对昂贵。下面以小支装蚕丝线为例示范蚕丝线的整理收纳。

蚕丝线整理

理线板

绕线板

多色小支装蚕丝线

1　整理蚕丝线需要准备理线板。对于小支装蚕丝线来说，除了使用理线板以外，还可以使用绕线板。

理线板适用于经常制作的情况，方便取线，整理简单。绕线板适用于偶尔练手的情况，方便收纳。

2　解开线结后可以得到若干小支蚕丝线。

小提示

图示为八色渐变的紫色系小支蚕丝线。

小提示：理线说明

如果使用绕线板整理，只需找到线头将其缠绕在绕线板上即可（类似整理毛线时的操作）。操作此步骤时可以请他人协助或找两个固定点将线圈绷直，防止线圈出现打结、缠绕的情况。

3　每一小支上部有一个线结，解开后就得到成圈的蚕丝线。

4　找到线头后，在线头位置用剪刀剪开所有线，得到如图所示的线束。

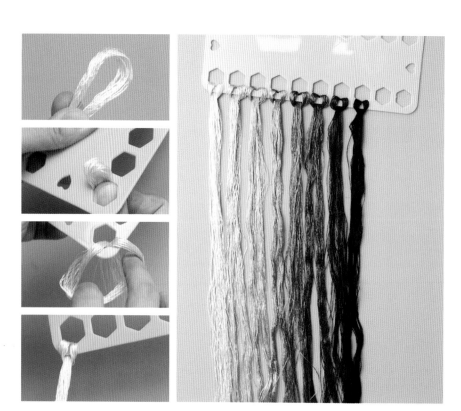

5 将线束对折后形成一个多股的线圈，穿过理线板上的孔洞，手指分开线圈，从下方掏出线束尾部并收紧，这样就完成了一小支蚕丝线的整理。同理，利用理线板将余下七小支蚕丝线全部整理好。

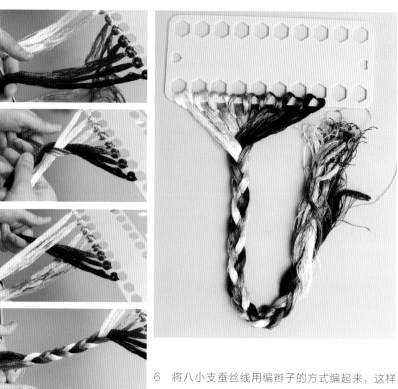

6 将八小支蚕丝线用编辫子的方式编起来，这样可以有效防止蚕丝线打结。

蚕丝线收纳

7 收纳时，可以将多个理线板放在一起，将编成辫子的部分卷在理线板上。

8 也可在每个理线板上的蚕丝线单独卷起后，将理线板叠放在一起。

9 将卷好的蚕丝线装入密封袋中保存。

内容拓展 | 缠花成品保存

存放缠花成品时，可以连同干燥剂一起装入收纳盒中保存，便于防潮。

◆ 劈丝

一根丝线通常由两股或两股以上的丝线绞成，单股丝线内部又由若干原丝般粗细的丝纤维组成。由于组成单股丝线的丝纤维排列有序且没有卷曲，以单股丝线或者单股丝线的集合来制作缠花，可以使缠花花片的表面呈现光滑、平整的效果。劈丝就是将多股丝线分至单股丝线的步骤，是关系到缠花最终效果的关键一步。

劈丝制作演示

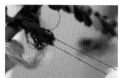

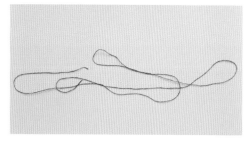

1 将理线板上的丝线从顶部抽出，由于丝线尾部已编成辫子的状态，直接抽出非常方便，且其他丝线不会因此凌乱。

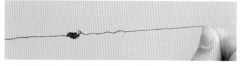
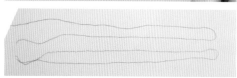

3 左手捏住丝线，右手抽动其中一股丝线，直至该股丝线完全被抽离（另一股丝线呈现如图的卷曲状态），再用手指拉住头尾将卷曲的丝线拉直，两股丝线被分开，完成劈丝。

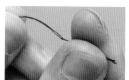

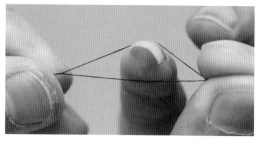

2 观察丝线可以看到丝线由两股组成。用手指向绞合的反方向捻，两股丝线就会分开形成空隙，接着用指甲挑入缝隙将丝线端部分离成两个线头。

4 刚劈好的丝线会略微弯曲，但是拉紧以后可以看到其内部丝纤维是有序排列的。

小提示：不需要劈丝的特殊情况说明

当我们采用其他线材进行缠花时，如果线材的绞合状态呈现均匀且有序的排列，根据作品的设计也可省略劈丝步骤直接进行缠绕，这样绕出的花片表面会呈现均匀螺纹。因各种材料的特性不同，最终效果也会有所差别，如果感兴趣可以自己动手尝试。

花片缠丝技法（以基础叶形花片为例）

花片缠丝是缠花制作工艺中最为基础的一个环节，也是最具难度的一个步骤。下面以基础叶形花片的缠绕方法为例介绍两种缠丝方法，分别是传统缠丝法和双面胶辅助缠丝法。前者为传统工艺，难度略大于后者。如果新手一开始无法熟练掌握前者，可以先使用后者来制作缠花。

要熟练掌握传统工艺需要进行不断地练习，这就是所谓的熟能生巧。一两次的失败很正常，请千万不要丢失自信哦。

◆ 传统缠丝法

传统缠丝法为从右向左缠绕，左手固定花片与铜丝，右手进行缠丝操作。

开始缠丝

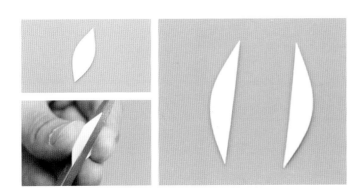

1 用剪刀将剪好的基础叶形花片分成两个半片。

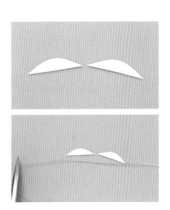

2 将两个半片以尖对尖的形式排开，再根据花片长度及需要保留的长度取一根铜丝备用。

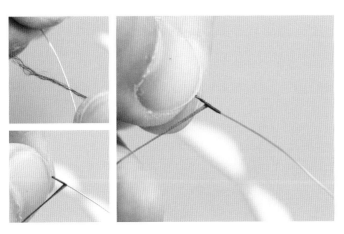

3 将单股丝线（或双股丝线并拢）从左至右绕在铜丝上（绕线长度约为5mm），再回绕一小段距离，使丝线固定在铜丝上。

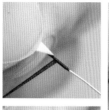
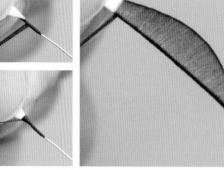

小提示：缠丝说明

缠丝时，丝线要随时呈"片"状，这样缠在花片上才会平整。

4　将剪好的纸片压在铜丝上后用丝线将其包裹，缠绕时注意力度和丝线角度的配合。

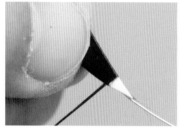

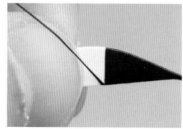

小提示：传统缠丝法缠丝说明

传统缠丝法依靠的是手指的力度、丝线和纸片的摩擦力、缠绕角度这三方面的配合来使丝线完美覆于纸胎之上的。其中的诀窍用几何学的语言来说就是"丝线的绕线方向垂直于外弧的切线"。

5　在丝线缠至花片的尾端时，为方便缠绕可以将花片翻转过来捏住，继续缠绕直至完成第一个半片的绕线制作。

6　将另一个半片压在铜丝上，用同样的方法缠丝。

接丝

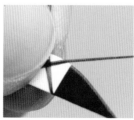

7　遇到丝线长度不够的情况时需要进行接丝操作。将丝线尾部按图示方式压在纸片上，与新丝线交叉相叠，同时用手捏住两股丝线的头尾，用新丝线缠绕两三圈。

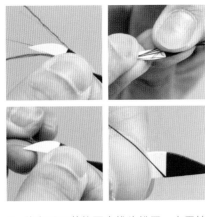

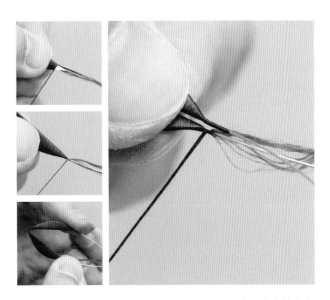

8　将左手压着的两个线头松开，由于接的新丝线已经缠绕若干圈，此时其不会松动、脱落。将两个线头绕至背面继续绕线。

9　继续绕线至结束后弯折铜丝，将花片尾部的两个尖端并在一起。

缠丝收尾

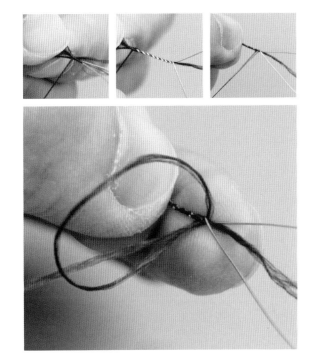

11　剪去多余的丝线后，用手指轻压尖端塑形，一片叶形的花片就缠绕完成了。

10　用丝线把花片尖端处的铜丝缠绕两三圈后，只保留最长的那股丝线在外其余线头连同铜丝一起进行绞合。用留好的那股丝线将绞好的铜丝包裹起来（如果该部分需要外露则包裹密实，如果不需要外露则只需简单绕几圈），最后在尾部打结或卡在铜丝分叉处后绞铜丝，即完成暂时性固定。

丝线股数对成品的影响

传统缠丝法可用单股丝线缠绕，也可用多股丝线缠绕。多股丝线缠绕时，一般不超过四股。右图为双股丝线缠丝和单股丝线缠绕的效果对比图。根据丝线的质量以及缠绕手法的不同，实际效果和右图会有较大区别。

从图中可以看出，双股丝线缠绕的花片较厚，随着股数的增加，视觉效果会更加明显。

双股丝线缠丝与单股丝线缠丝的区别

	单股丝线缠丝	双股丝线缠丝
平整度	高	手法要求稍高，新手操作时容易出现不平整的情况
耗时	长	短
耗材	少	稍多
色匀度	浅色有可能不均匀	均匀

◆ 双面胶辅助缠丝法

双面胶辅助缠丝法为从左向右缠绕，左手固定花片，右手缠丝。此方法的缠绕方向不同于传统缠丝法是因为纸片上覆有双面胶，不方便触碰。从左向右缠绕时，左手捏住的部分已经包裹了丝线，这样就不会受双面胶的影响。

制作展示

开始缠丝

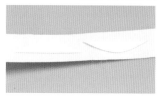

1 将剪好的花片贴在双面胶上。

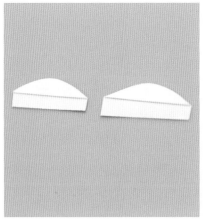

2 剪下花片，保留直线边及其下方的双面胶。

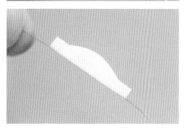

3 将铜丝沿底边覆于双面胶后，将多余的双面胶向上折起。

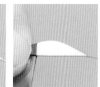
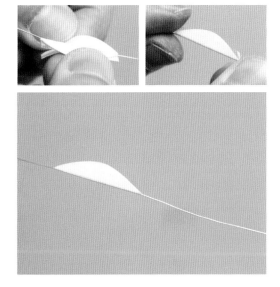
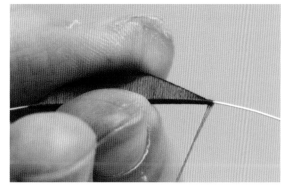

4 撕去双面胶的保护层，将多余的两个角沿弧线粘在反面，形成如图所示的形态。

5 将丝线一端粘在双面胶上，缠绕几圈后使丝线回到花片起始点（该起始点为花片靠近铜丝的那个点）。从起始点开始缠线至包裹好花片即可。

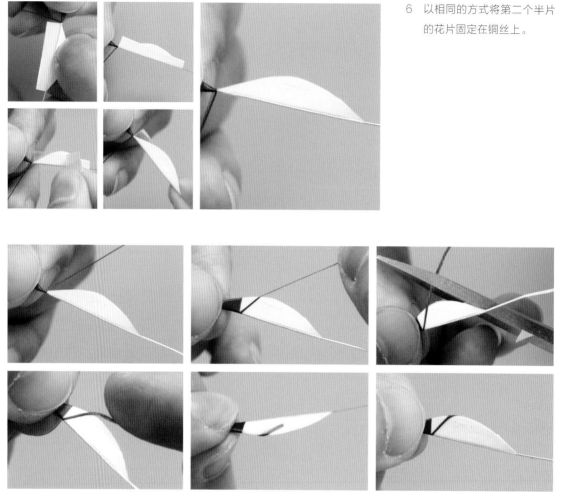

6 以相同的方式将第二个半片的花片固定在铜丝上。

7 继续缠丝，中途出现丝线长度不够的情况时，将丝线尾端向右上方拉紧，减去多余丝线后将线尾粘在花片上。

接丝

8 将需要接的新丝线的线头按图示方向粘在花片上，向左边缠绕两圈后使新丝线靠近原来的缠绕断点处。继续缠绕，缠绕过程中不需要在意接丝时的线头位置。

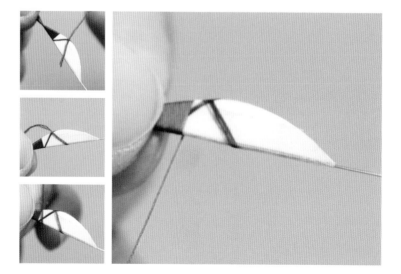

小提示：起头及接丝时的线头痕迹隐藏

如果用单股丝线缠绕，可能会在表面留有凸起的线痕。我们在接丝时将线头全部粘在纸胎的背面即可解决这个问题。

缠丝收尾

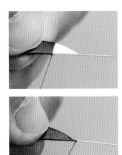

9　继续缠绕直至结束，然后进行收尾，收尾的方法与传统缠丝法相同。

内容拓展 | 传统缠丝法与双面胶辅助缠丝法的区别

传统缠丝法与双面胶辅助缠丝法在制作时最大的区别就是缠丝方向不同。前者从右至左，后者从左至右。传统缠丝法虽然更加考验对技艺的掌握情况，但是一旦掌握方法就会有效提高制作的效率。丝线依靠各种力的作用固定在纸片上，缠法得当的话，制作出的成品不易滑线，且拥有更长的使用寿命。

双面胶辅助缠丝法是用双面胶的黏性避免滑线，可以尝试使用，但使用这种方法并不能帮助操作者从根本上掌握缠花这项技艺。下表为传统缠丝法与双面胶辅助缠丝法的区别。

	传统缠丝法	双面胶辅助缠丝法
难易程度	简单	烦琐
耗时	短	长
滑线概率（针对新手）	大	小
用力方向	需时时注意	基本无需注意
回缠调整	方便	易使线材起毛
耐久	妥善保存则成品寿命等同于丝线的寿命	双面胶在两三年后会老化，如果缠绕时角度、力度不对，则在双面胶老化后会出现滑线现象
后期上色	效果佳	效果不佳
平整性	基本相似	

不同花片的缠丝

◆ 三分花片的缠丝

对于较宽、弧度较大的花片，以基础叶形花片进行二分法裁剪后再进行缠丝，很容易出现滑线的情况。这时我们将花片以三分法裁剪，减小花片的弧度来进行缠丝，会有效降低滑线的概率。

单铜丝杆缠丝法：操作简易，因其支撑力较弱，适合用来缠绕迷你型花片。

双铜丝杆缠丝法：适用于一般的花片及较大型的花片。

单铜丝杆缠丝法

双铜丝杆缠丝法

三分花片的单铜丝杆缠丝法

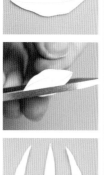

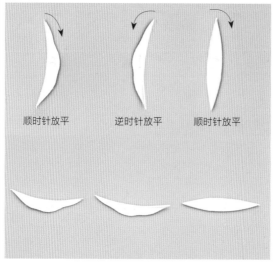

顺时针放平　逆时针放平　顺时针放平

1　在花片上画好三分标记线与标号，用剪刀剪开。将花片从左向右按照 3-1-2 的顺序排开，该顺序即为缠绕顺序。注意：分片 2 的下方端点靠近分片 1 的下方端点，分片 1 的上方端点靠近分片 3 的上方端点。

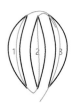

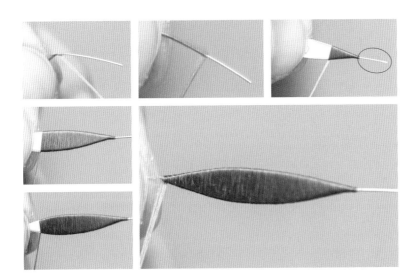

2　用丝线在靠近铜丝端点处起头后缠绕分片2（红圈内是留出的铜丝），从分片2的上方端点开始缠绕，直至缠好整个分片。

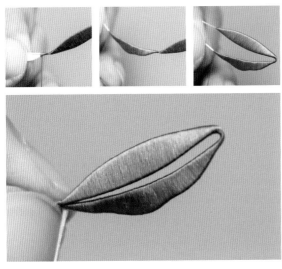

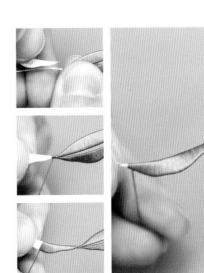

3　把分片1按在铜丝上继续进行缠绕。缠绕好分片1后在其与分片2的连接处进行弯折（由于分片1和分片2缠绕结束后需要合拢，所以缠绕分片1时一定要注意弧度和方向），两个分片合拢后用丝线在合拢处缠绕两圈。此时分片1和分片2的合拢处为上端，弯折处为下端。

4　此时合拢处的两根铜丝一根长、一根仅露出一小部分，因此将两根铜丝同时抵在分片3的下方，用丝线缠绕分片3。此时分片3的上端连接的是刚才的合拢处。

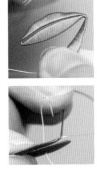

5　将缠绕好的分片3从上方端点处弯折，取一小节铜丝弯折成钩，从分片1和分片2的连接处勾出丝线。

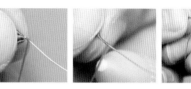

 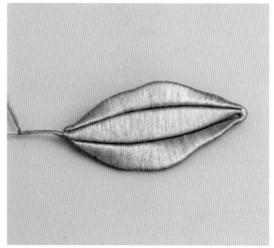

6 将勾出的丝线收紧，弯折花片调整上下尖头处的造型。

7 将丝线缠绕在单根铜丝上，收尾处点涂白乳胶后打结固定即可。

三分花片的双铜丝杆缠丝法

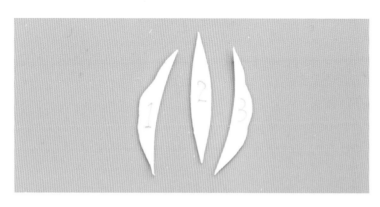

1 准备好三个花片。

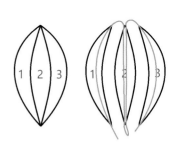

2 在铜丝上用丝线起头，缠绕5mm后回绕固定丝线。

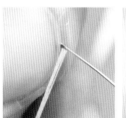 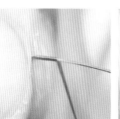 

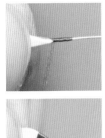

3 将分片 3 压在铜丝上进行缠丝，起点为分片 3 的下方端点，缠绕好整个分片 3。

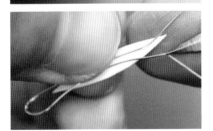

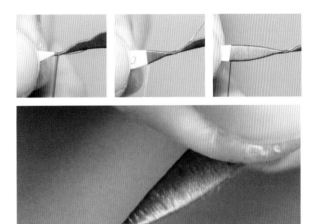

5 缠绕好分片 2 后，让分片 2 尾端的铜丝自然形成一个小圈。

4 将后端的铜丝弯折，弯折的长度需要略长于分片 2 的长度。将分片 2 按图示方式抵在两根铜丝上，此时分片 2 背后的两根铜丝不需要绞在一起，自然放平即可。

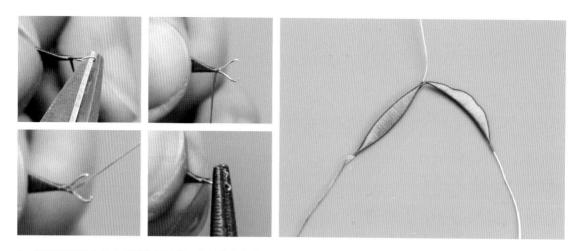

6　用剪刀剪开分片 2 尾端的铜丝圈，将丝线卡在分叉处后用钳子将铜丝绞在一起，得到如图所示的花片。

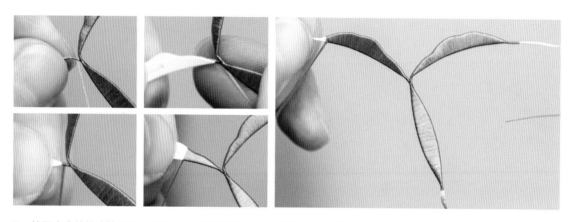

7　前两个分片的连接处有一根铜丝，在这根铜丝上用一股新的丝线起头，然后开始缠绕分片 1。此时分片 1 的上端
　　与分片 2、分片 3 的上端都是连在一起的。

8　完成三个分片的缠绕
　　后将其合拢，合拢处用
　　丝线包裹起来后做暂
　　时性收尾。调整花片形
　　状即可得到完成的三
　　分花片。

◆ 四分花片的缠丝

四分花片适用于更大弧形的花片，四分后可以有效
降低滑线概率，并且可以增加花片的纹理感。

缠丝制作演示

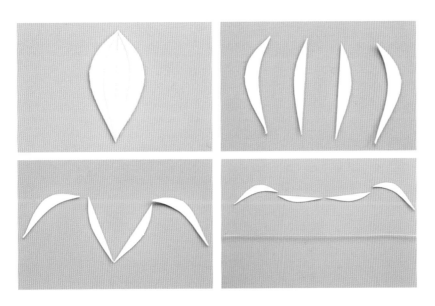

1　在花片上标记分割线，
　　并用剪刀剪开。缠丝时
　　的顺序如图所示：中间
　　两个分片下端相接，外
　　部两个分片的上端靠近
　　中间分片的上端。随后
　　准备一根长度合适的
　　铜丝。

2 从右至左先缠好三个分片，然后按图示方式将两个分片对折，合拢处用丝线缠绕两圈，绕紧。

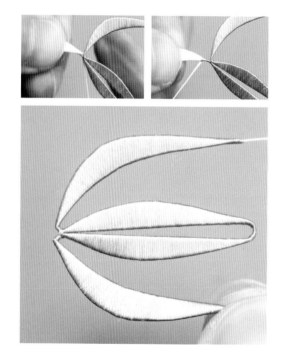

3 在铜丝上压上第四个分片后进行缠丝，完成后如图所示。

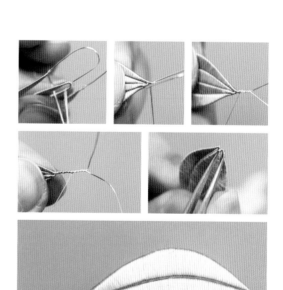

4 把一节铜丝弯成小钩后，用其将收尾处的丝线从中间的孔洞钩出，收紧丝线并将另一端的铜丝折过来。待两根铜丝聚拢后绞在一起，用丝线将其包裹起来完成暂时性固定。接着用镊子调整花片顶端处的形状，这样四分花片就制作完成了。

◆ 弧形花片的缠丝

在所有花片中，弧形花片在缠绕过程中最容易滑线，所以缠丝时需要注意丝线的缠绕方向。

丝线的绕线方向需要尽量垂直于外弧的切线。因此以单弧形花片为例，内弧上丝线的重叠率大，而外弧上丝线的重叠率小，整体呈现放射状。

单弧形花片与多弧形花片的绕线示意图

单弧形花片缠丝后效果图

缠丝制作演示

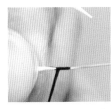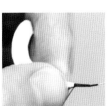

1 用丝线在铜丝上起头，然后放好花片，一边缠绕一边注意丝线的走向，不断进行调整。

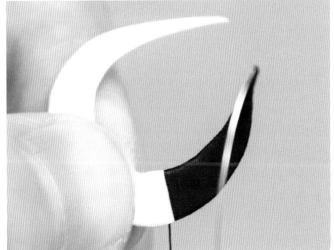

2 待缠完花片的三分之二后可以将之前缠好的部分向上弯折，这样可以留出空间方便余下花片的缠绕。注意：尽量减少弯折花片的次数，争取一次性调整到位，避免反复弯折造成花片走形。

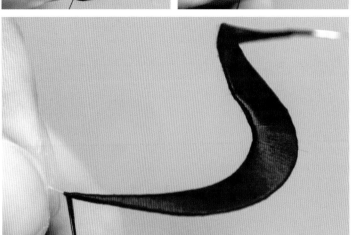

3 把花片头尾合拢并用丝线缠绕两圈，将两端的铜丝绞在一起再用丝线包裹杆体，在收尾处将丝线打结或将丝线卡在铜丝分叉处后绞紧铜丝做暂时性固定。

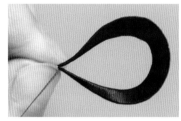

◈ 独片花片的藏头与收尾

缠绕独片花片时，比较特殊的步骤就是藏头。独片花片的形状一般都是细长形，如果花片呈弧形则要注意弧形处丝线的走向。如果弧度不大，一般直接缠绕即可。

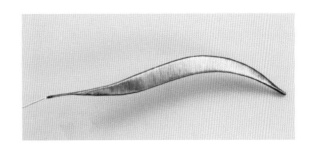

藏头

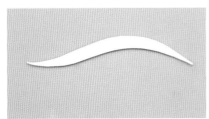
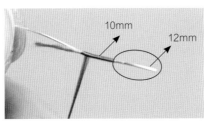

1 在靠近铜丝端点处用丝线起头 [起头方法与其他花片的起头方法相同，但起头处丝线需要离铜丝的端点 12mm 左右（红圈区域）]。

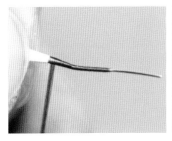

2 将独片花片尖端按在铜丝上。注意：缠绕了丝线的铜丝部分约为 10mm。用丝线在花片尖端缠绕 3mm 左右，然后将起头处的铜丝向后弯折。

3 用手将弯折处的铜丝圈压平。用丝线将花片连同弯折后的铜丝缠绕起来即可。

收尾

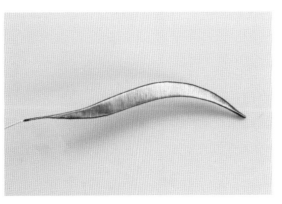

缠绕至需要收尾的位置后，在丝线上点涂白乳胶，然后打结即可完成收尾。

花片的镶嵌装饰

制作传统缠花时，通常会在花瓣或者昆虫翅膀上镶嵌金银色块来体现花纹或增加其富贵的含义。镶嵌的装饰物可以是金银纸片、金银线或者其他材料。镶嵌的图案一般都是点线结合制作而成的，利用这种原理我们可以设计出更多丰富的造型，如草莓果实上的草莓籽、七星瓢虫背上的花纹等。

本节以蝴蝶翅膀镶嵌金线为例，为读者提供镶嵌的工艺思路。

制作展示

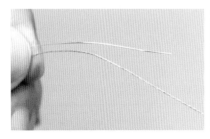
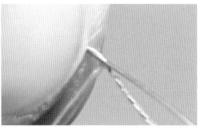

1　起头的同时将金线与铜丝用丝线绑在一起。

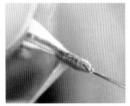

2　将花片按在铜丝上，缠绕 5mm 后将金线回折覆于花片上（拿不准镶嵌位置，可用笔先在花片上做记号），再用丝线缠绕花片与金线 5mm。

3　将金线翻折后继续用丝线缠绕花片 5mm，随后再将金线翻回。

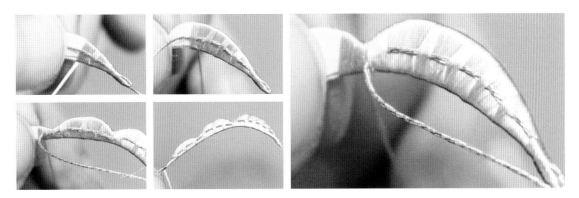

4 反复进行步骤 2、3 的操作，完成单个分片的镶嵌。注意：缠绕时可调整花片方向，换手进行缠绕，让金线靠近左手，翻折时便于用左手捏住金线，防止其成为缠丝的阻碍。

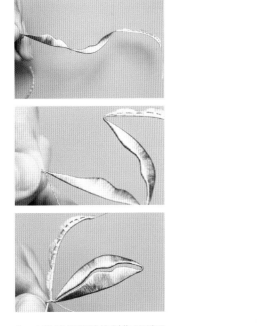

5 本款蝴蝶翅膀的制作用到了四分花片，所以缠完前三个分片后将其并拢。

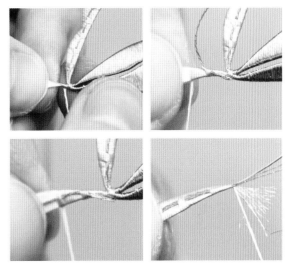

6 缠绕第四个分片时继续以缠绕第一个分片时的镶嵌手法来制作。

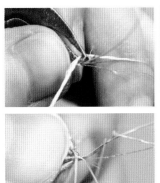

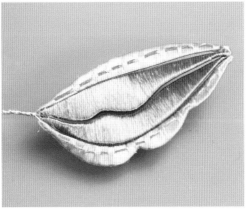

7 收尾时同样采用四分花片的收尾方法即可。

花杆的制作与收尾

◆ 花杆的制作

花杆包线有多种方法，不同方法做出的效果略有差异。本节主要以双铜丝杆为例，对比三种方法的实际操作效果。

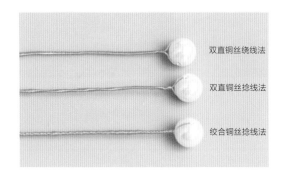

双直铜丝绕线法

双直铜丝捻线法

绞合铜丝捻线法

双直铜丝绕线法

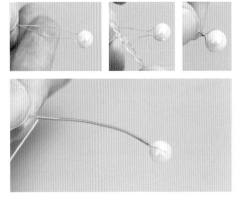

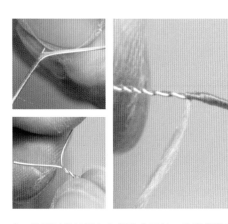

1 铜丝穿过珍珠后将铜丝两端对折，直接在杆部手动缠绕丝线。

2 收尾时将丝线卡在铜丝分叉处，绞紧铜丝即可完成。

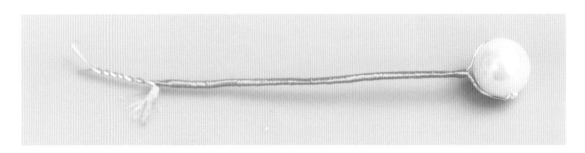

3 用此方法缠出的花杆较直，比较平滑，但是直接手动绕线比较费时费力。

双直铜丝捻线法

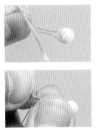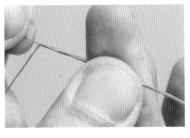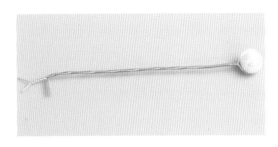

1 在杆部手动绕线一指的距离后，用右手拇指和中指做"捻"的动作并微微向右移动。同时左手拉紧丝线，使丝线均匀地缠绕在杆部。

2 用此方法缠出的花杆上部一指处平滑，后部呈现较明显的螺旋纹。

绞合铜丝捻线法

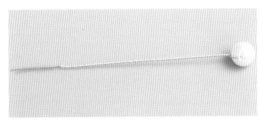

1 先将铜丝绞在一起，然后缠绕丝线。

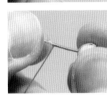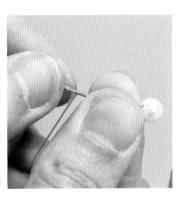

2 手动缠绕完一指的距离后，用右手拇指和中指做"捻"的动作同时微微向右移动。同时左手拉紧丝线，使丝线均匀地缠绕在杆部。

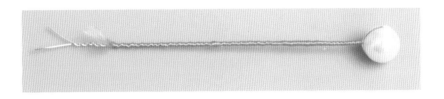

3 花杆呈现螺旋纹，整体效果均匀。

小提示：三种方法制作花杆的对比

双直铜丝绕线法：制作时较为费时费力，完成的花杆偏扁，杆体光滑。

双直铜丝捻线法：省时省力，完成的花杆下半部分呈现疏松的螺旋纹，螺旋均匀程度一般。

绞合铜丝捻线法：省时省力，完成的花杆杆体呈现细密的螺旋纹，螺旋程度均匀。

以上三种方法没有明显的优劣之分，根据设计的造型效果来选择适合的方法会起到锦上添花的作用。

◆ 花杆的收尾

花杆的收尾一般分为暂时性收尾和成品收尾。暂时性收尾一般用于半成品组件，由于半成品组件在后续步骤中还会被丝线绑扎，所以暂时性收尾起到防止丝线松散滑脱的作用即可。成品收尾是缠花过程中的一个扫尾步骤，需要兼顾牢固和美观。

暂时性收尾

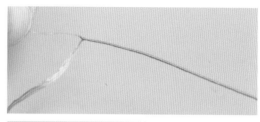

成品收尾

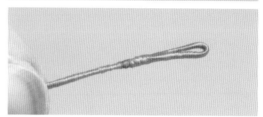

暂时性收尾方法一：打结法

  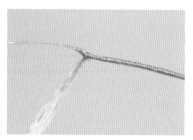

在线材结尾处直接打结即可完成暂时性收尾。使用蚕丝线材时，此方法适合各种情况；使用化纤类线材时，有可能因为线材过于光滑而出现线结回松的情况，打结前预先在丝线上点涂胶水可以有效降低回松的概率。

暂时性收尾方法二：绞线法

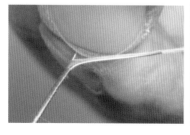 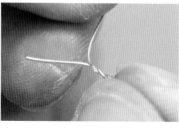 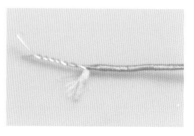

当收尾处的铜丝数量大于等于 2 根时，可以将丝线卡入铜丝的开叉处后绞紧铜丝，即可完成暂时性收尾。此方法适用于使用任何线材的情况，且不需要用胶水，但是无法在单根铜丝的杆部使用。

成品收尾

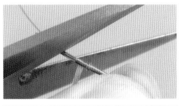
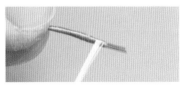

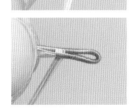
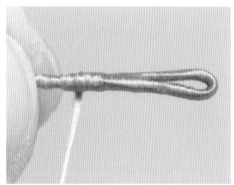

1 当成品制作至最后阶段时，用丝线包裹杆部至所需要的长度后再延长 2 ~ 3cm。用剪刀剪去多余的铜丝，保留的裸铜丝长度为 0.5 ~ 1cm。

2 将尾部弯折，弯折的位置为需要保留的花杆长度。用丝线将弯折的部分连同花杆一起包裹起来，直至无铜丝裸露。

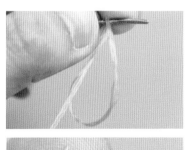

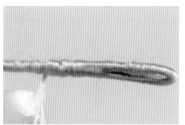
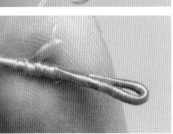
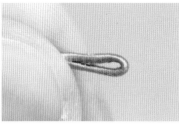
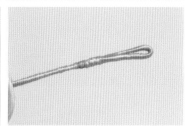

3 在尾部打结后剪去多余的线头。线头处点涂白乳胶，将线头裹在花杆上，完成。

作者语

可以在完成的杆部再整体均匀涂抹一层白乳胶以起到加固、防滑线的作用。

花朵的组合

◈ 片单位绑花法

片单位绑花法是将缠好的花瓣逐片缠绑成花朵的方法，适合用于花瓣较少的花朵。所有花瓣的铜丝最终都会组合成束进而变成花杆的部分，如若花瓣较多，成品花朵的枝干会非常粗壮，因此这种方法不适用于菊花、昙花等花瓣极多的花卉。

制作展示

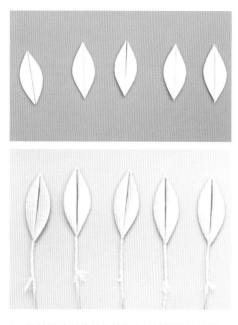

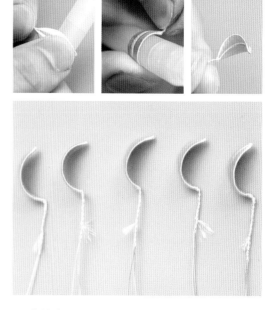

1 用基础叶形花片的缠绕方法缠好五片花瓣。

2 将花片压在笔杆上塑形，弯折成如图所示的状态。

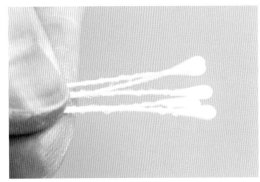

3　取4根翻糖双头花蕊，对折后形成八个花蕊，用丝线将其绑在一起。

4　将花瓣依次用丝线绑在花蕊周围，缠绑时收紧丝线，避免因缠绑过松导致花瓣滑动。

5　用丝线将杆部包裹起来，杆尾处做暂时性固定，调整花瓣位置和造型后完成桃花的制作。

◆ 层单位绑花法

层单位绑花法是将同一层的所有花片绕在同一根铜丝上，以层为单位进行绑花的方法。

此方法会大大减少杆部铜丝的数量，以达到控制花杆粗细的目的。一般适用于花瓣较多的花卉，以及需要进行缠绕的花片组合，如枫叶。

制作展示

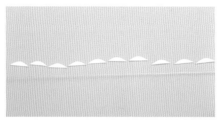

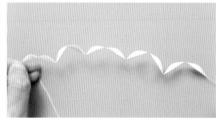

1　将需要缠丝的花片以"头对头、尾对尾"的方式排开，然后将花片依次缠绕好，形成如图所示的形态。

2　依次将对称的两个分片并在一起后，用丝线缠绕其尾部一圈作为固定。

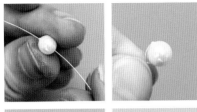

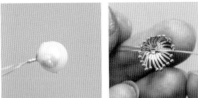

3 将铜丝穿过珍珠后对折绞紧，两端的铜丝同时穿过金属花蕊，制成花蕊。

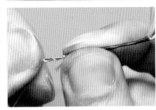

4 将花蕊的尾端铜丝穿过五片花瓣中心的孔洞，拉紧花蕊后用铜丝包裹花杆部分，最后在收尾处做暂时性固定。

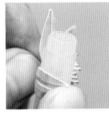

5 用笔杆调整花瓣造型，完成花朵的制作。

小提示：不同制作方法下的花杆粗细对比

以五瓣花为例，使用片单位绑花法时杆部的铜丝共有 10 根，使用层单位绑花法时杆部的铜丝仅有两根。即使忽略花蕊的大小，依旧能够明显感受到杆部粗细的强烈对比。

需注意，片单位绑花法和层单位绑花法代表两个极端情况。为减少杆部的铜丝数量，也可以采用先将若干个花片组成一组，再把若干个小组组成一层的形式进行缠绑。

这种方法在制作菊花、昙花等重瓣花卉时，能够自由控制杆部铜丝数量，既可以防止杆部铜丝过粗，又可以有效提供支撑。

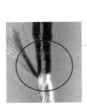

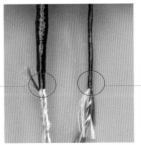

片单位绑花法　　　　　　　　　　　　层单位绑花法

制作

第 3 章

入门款缠花饰品

秋芽・枫叶发钗

果子・玛瑙珠小发钗

暮金・银杏叶步摇

清书・竹叶发梳

酥桃・桃花发梳

材料与工具

花片（基础叶形：大、中、小）、蚕丝线（深红色、正红色、橘红色、金黄色）、5～6mm 珍珠、波浪形 U 钗、0.3mm 铜丝若干、白乳胶、剪刀

制作步骤详解

单片枫叶制作

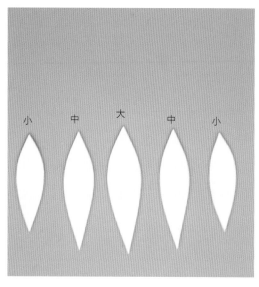

小　　中　　大　　中　　小

1　按照本书附赠的纸样，分别在卡纸上剪下 1 片大叶、2 片中叶、2 片小叶。

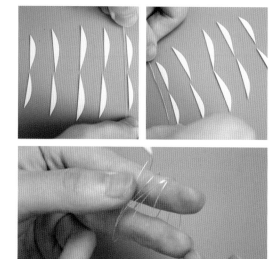

2　沿叶片两端点剪开叶形卡纸，一字排开，用 0.3mm 的铜丝量出每片叶子所需要的铜丝的长度。为方便缠丝，缠绕前可将过长的铜丝在手指上绕几圈，以方便操作。注意：5 片叶子所需要的铜丝是完整的一根，不需要剪断。

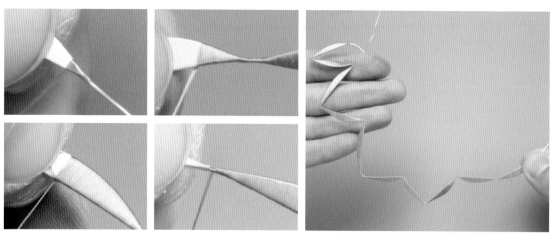

3　按照小、中、大、中、小的顺序，用金黄色丝线将叶形卡纸缠绕在铜丝上。注意：首先，每片叶子分成的两瓣需要尖对尖、底对底，以保证对折后的形状对称；其次，收尾时只需要简单打结，多余的线不需要剪断，将整条铜丝像图中展示的那样弯折。

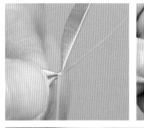

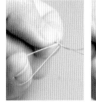

4 用收尾时剩下的线在每一片叶子的底端缠绕两圈，完成叶子的收束。

5 用多余的丝线包裹住茎，并在收尾处简单打结做暂时性固定。

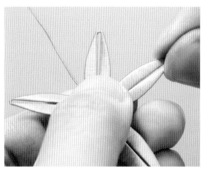
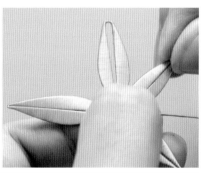

6 用手捏尖叶片顶点，对叶子的形状进行调整，这样一片枫叶就制作完成啦。

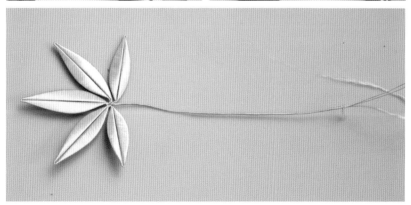

组合固定

深红色　橘红色　金黄色　正红色　深红色

7 同理，制作出大小各异、颜色不同的 5 片枫叶，并准备 5 颗 5 ~ 6mm 的珍珠。

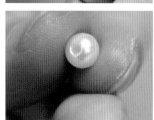

8 将珍珠穿过枫叶的茎。注意：如果缠绕时裹线过厚，会出现珍珠无法穿过的情况，这时可用孔径较大的仿珍珠代替。用相同的方法完成其余 4 片枫叶的前期准备。

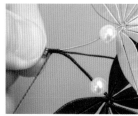

9 将 3 片枫叶捏成一束，用深红色丝线包裹住茎，裹线过程中再添加另外两片枫叶，最后将所有枫叶缠绕成一束，简单打结收尾后剪去多余的铜丝和线头。

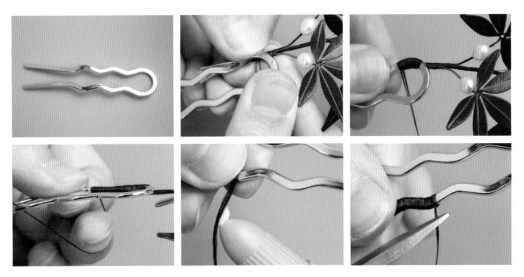

10　准备一个中号波浪形 U 钉，将成束的枫叶抵在 U 钉背面，用丝线将两者缠在一起直到完全包裹住枫叶的茎。临近收尾时先在丝线上涂上白乳胶，缠绕几圈后打结收尾，随后剪断多余丝线即可。

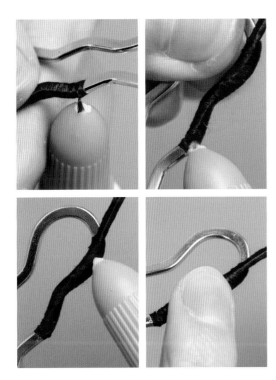

11　在绑线收尾处点涂白乳胶，用手将线头固定在杆部。为了保证杆部丝线的牢固程度，可以在杆部薄薄地抹上一层白乳胶。

12　最后，简单调整 5 片枫叶的位置，完成枫叶发钗的制作。

果子·玛瑙珠小发钗

蔗浆自透银杯冷，朱实相辉玉碗红。

材料与工具

花片（基础叶形：大、小）、蚕丝线（深绿色、绿色）、玛瑙珠（4mm、6mm，红色、黄色）、黑色小U钉、球针（3cm、4.5cm）、0.3mm铜丝若干、剪刀、双圆头钳子、珠宝胶、白乳胶

制作步骤详解

叶子制作

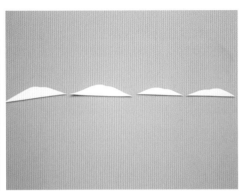

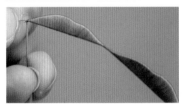

1 按照本书附赠的纸样，分别在卡纸上剪下1片大叶、1片小叶，再沿花片的中线剪开，各形成左右对称的两个半片并依次排开。接着选取长度比花片排开后的长度至少长14cm的铜丝。

2 在距离铜丝一端5cm左右处缠绕三四圈绿色丝线以固定，然后放上纸片开始缠绕。缠绕时注意缠丝方向尽量垂直于弧边的切线，这样可以有效防止滑线。

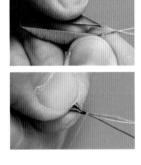
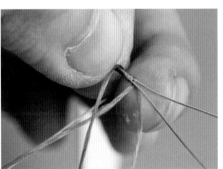

3 将缠好的两个半片对折，用丝线把其尾部的两根铜丝缠绕在一起，缠绕长度约为1cm。然后打结进行简单的暂时性固定。

4 用手指捏住叶尖，使叶尖部分呈现尖角的形态。

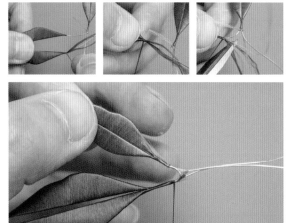

5 第一片叶子完成后，尾端有两根铜丝，在较长那根铜丝距第一片叶片收尾处约 1cm 的位置开始缠绕第二片深绿色叶子，缠绕方法与第一片叶子相同。

6 缠绕完第二片叶子后用同样的方法进行弯折、绕杆，拿剪刀修剪掉多余的线头，继续缠绕叶杆直至完全覆盖整个叶片分叉处的"V"形部分。

7 绕完"V"形分叉处后将两根铜丝绞在一起，用丝线继续缠绕，收尾时将丝线卡入铜丝分叉处，继续绞铜丝即可完成暂时性固定。同样用手捏叶尖，两片同枝而生的叶片就完成了。注意：分别缠绕出两片叶子后再进行合拢的方法也是可行的，只是成品叶子的杆部会稍粗一点。

果串制作

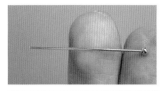
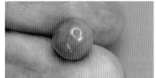

8　取 3cm 长的球针穿过玛瑙珠，此处可以根据个人喜好替换成各种材质的珠子。

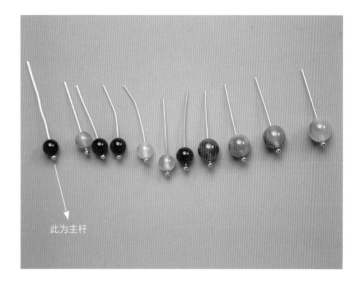

此为主杆

9　准备若干上一步骤里制作的组件，可以选择 4mm、6mm 等红色、黄色玛瑙珠（做出来的成品会显得比较别致），接着再准备一组球针长度为 4cm 左右的组件作为主杆。

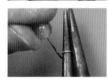

10　用双圆头钳子使球针尾部弯卷，球针较长时可以弯卷多圈。

11　用上一步的制作方法将除球针长 4cm 左右的主杆组件以外的其他组件弯曲从而做出果子，完成效果如图所示。

12　将弯卷后的果子组件依次穿过主杆，穿成一串后轻轻抖动主杆使果子排列得更加自然。

背面效果展示

13 调整好果串造型后，在主杆上再穿上一颗珠子将果串组件压紧，然后在主杆与组件弯卷处涂上珠宝胶（量可以稍微多一些），静置 24 小时等珠宝胶干透后，再通过弯折球针微调果子间的位置即可。

组合固定

14 拿出做好的叶子、果串组件与黑色小 U 钉，将叶子与黑色小 U 钉分别穿过主杆末端的挂孔。
注意：此处的挂孔可以弯卷得小一些，可同时穿过叶子和黑色小 U 钉即可。

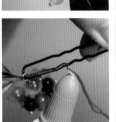
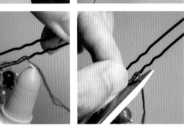

15 用深绿色丝线将黑色小 U 钉和叶杆缠绕在一起，缠绕至收尾处点涂白乳胶，打结收尾后用剪刀剪去多余丝线。

16 在黑色小 U 钉上的线头处点涂白乳胶，用手将线头压平即可使胶水隐形。接着将果串较为平整的一侧靠近叶片，调整组件之间的位置，一支"果子"发钗就做好啦。

暮金·银杏叶步摇

材料与工具

花片（外弧形叶片：大、中、小）、蚕丝线（金色、浅金色、深金色）、直棍簪（顶端带孔）、金属流苏链若干、侧开口包扣、开口圈（直径5mm）、球针、镀金隔珠、馒头珍珠、粉色米形珍珠（5～6mm）、近圆白珍珠（3～4mm）、0.3mm铜丝若干、棕色绒线、钳子（双圆头、平头）、白乳胶、珠宝胶、剪刀

制作步骤详解

银杏叶准备

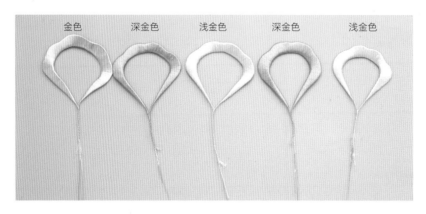

金色　深金色　浅金色　深金色　浅金色

1 按本书附赠的银杏纸样，在卡纸上剪出银杏叶片，随后按照弧形花片的缠绕方式进行缠绕。注意：银杏叶片的大小、数量可以根据各自的喜好确定，银杏叶的颜色则可以选择多种金色系颜色，以凸显出层次感。

流苏链制作

   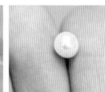

2 拿出球针、5～6mm的粉色米形珍珠、3mm的镀金隔珠以及3～4mm的近圆白珍珠，备用。

 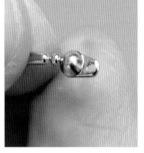

3 用球针依次穿过5～6mm的粉色米形珍珠、3mm的镀金隔珠以及3～4mm的近圆白珍珠，再用双圆头钳子将球针尾部弯卷成挂孔，做成珍珠坠组件。

4 准备一节金属流苏链（长度可以根据自己的喜好确定），并在金属流苏链两端装上侧开口包扣，随后用手轻捏包扣使其固定。

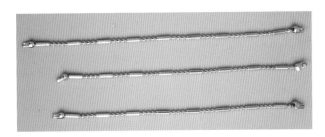

5 再用两条金属流苏链装上侧开口包扣。注意：在本案例制作的银杏叶步摇中，共准备了三根金属流苏链，一长两短。

6 在金属流苏链一端的包扣上挂上开口圈。

7 用一个开口圈将三个开口圈串起来，形成如图所示的流苏链。

8 用平头钳子打开珍珠坠组件上的挂孔，并将其挂在流苏链底部的包扣上。用前面的方法再做两个珍珠坠组件，将其固定在另外两条流苏链上，完成流苏组件的制作。

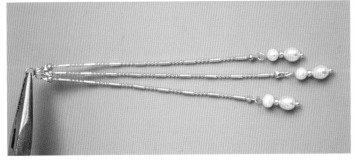

组合固定

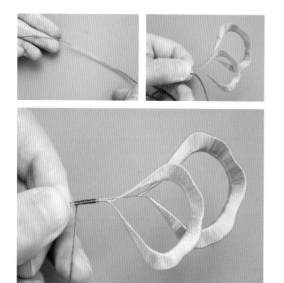

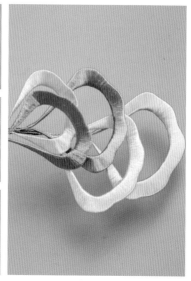

9　用棕色绒线将银杏叶依次缠在一起。

10　缠绑银杏叶时注意叶片的位置和颜色，高低错落地缠绑会使成品效果更佳。

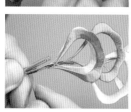
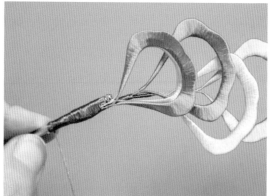

11　用剪刀剪去多余的银杏叶枝，随后继续用棕色绒线将银杏叶和直棍簪缠在一起。

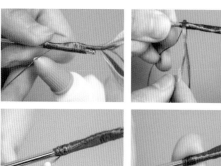
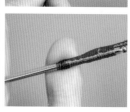

12　临近收尾处在绒线上点涂白乳胶，缠绕几圈后打结收尾并剪去多余丝线，在剪断的线头处再点涂白乳胶并用手压簪杆，将其涂抹均匀。

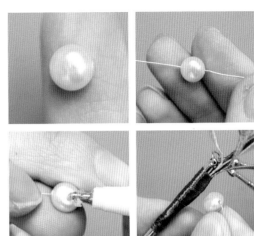

14　准备一颗馒头珍珠，穿上铜丝后在馒头珍珠背面点涂珠宝胶，粘在簪杆绑线处。

13　打开流苏组件顶端的开口圈，挂在直棍簪顶端自带的孔上，随后用双圆头钳子收口，完成流苏组件的安装。

15　将穿过珍珠的铜丝缠绕在簪杆上，用双圆头钳子将铜丝末端塞进绕线的空隙处，隐藏铜丝线头。至此，银杏叶步摇完成。

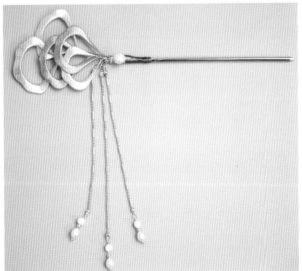

清书·竹叶发梳

移去群花种此君，满庭寒翠更无尘。

材料与工具

花片（基础叶形：大、小）、蚕丝线（深绿色、中绿色、浅绿色、墨绿色）、近圆白珍珠（5～6mm）、四齿发梳、0.3mm 铜丝若干、剪刀、白乳胶、双圆头钳子

制作步骤详解

竹叶制作

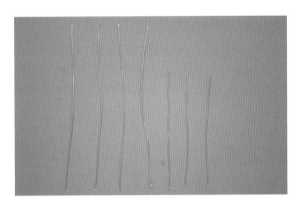

1 准备好三色竹叶，竹叶用基础叶形花片的缠绕方法制成。本款饰品需要准备的竹叶依次为：浅绿色小叶、深绿色大叶、浅绿色小叶、深绿色大叶、中绿色大叶、浅绿色小叶、中绿色大叶。

2 制作竹枝尖。拿 0.3mm 铜丝剪出 3 段长 7cm 的铜丝和 4 段长 10cm 的铜丝。

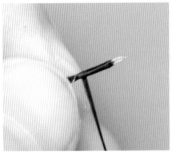

3 取 2～3 根劈好丝的墨绿色丝线，并在一起后对长 7cm 的铜丝组进行缠绕，缠绕时从距离铜丝尖端 3mm 处开始。

4 缠绕 15mm 左右后用双圆头钳子弯折铜丝组，随后继续用丝线包裹铜丝组弯折处，并点涂白乳胶用手指抹平以固定。在弯折处点涂一些白乳胶可以有效固定丝线，避免丝线松散、滑脱。

5 竹枝尖的顶端造型做好后继续在铜丝组上缠绕丝线，在收尾处打结做暂时性固定，剪去多余丝线。用同样的方法做出长一点的竹枝尖。

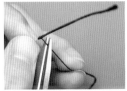
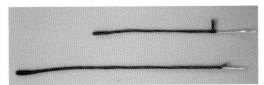

6 将缠好的竹叶按图上方式组合在一起，用墨绿色丝线缠绑固定，做出第一组竹叶叶片。

7 组合第二组叶片时，先按图上方式缠绑三片，待枝干被丝线包裹一部分后再加上第四片叶片，随后调整竹叶形状，弯曲枝干。

珍珠杆制作

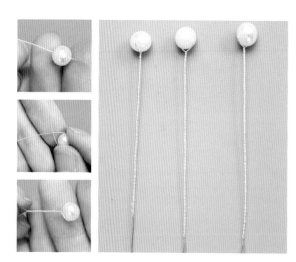

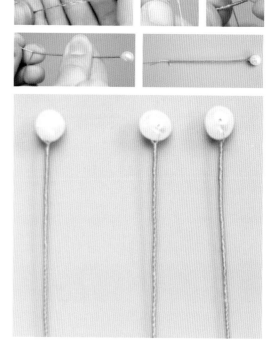

8 制作珍珠杆。用银色铜丝穿过珍珠后将铜丝绞在一起，以同样的方法制作其余两支珍珠杆。

9 用中绿色丝线将珍珠杆的杆部包裹起来，然后在尾部打结收尾，做暂时性固定。

小提示：枝干缠丝手法讲解

枝干缠丝时，在图1的状态下可以采用"拉紧丝线，转动珍珠"的方法快速缠绕；缠绕出可以容许手指轻捻的长度后（见图2），则可以采用"左手夹紧丝线，右手轻捻杆部"的方法快速缠绕。

图1

图2

组 合 固 定

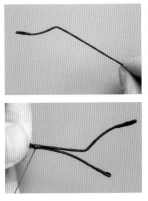

10　将制作好的竹枝尖折成想要的造型后，用墨绿色丝线将其同第一组竹叶缠绑在一起。

11　拿出四齿发梳，将上一步骤的半成品用丝线缠绕在四齿发梳前端，一边缠绕一边添加珍珠杆以及第二组竹叶。

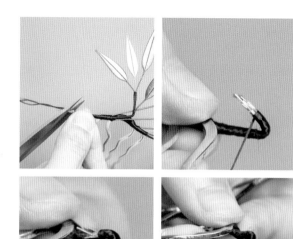

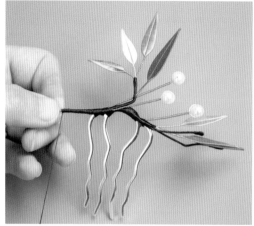

12 顺着四齿发梳前端的造型缠绑上所有需要的元素组件。注意：收尾部分的枝干需要多缠绕2cm左右。

13 用剪刀将多余的线头及铜丝剪去，枝干尾部回折后用丝线将其包裹，丝线将枝干尾部包裹至无金属部分露出即可，最后在丝线上点涂白乳胶并打结收尾。

14 在四齿发梳前端部分点涂一圈白乳胶加固，并用手指将胶抹开，再调整叶片和珍珠杆的分布，完成竹叶发梳的制作。

酥桃·桃花发梳

人间四月芳菲尽，山寺桃花始盛开。

材料与工具

花片（花瓣、叶片）、蚕丝线（深粉色、浅粉色、深绿色、浅绿色、中绿色）、八齿发梳、翻糖双头花蕊、粉色米形珍珠（5～6mm）、3mm 切面锆石珠（可用米珠代替）、棕色绒线、0.3mm 铜丝若干、双圆头钳子、珠宝胶、白乳胶、剪刀、镊子、圆柱形笔杆

制作步骤详解

桃花制作

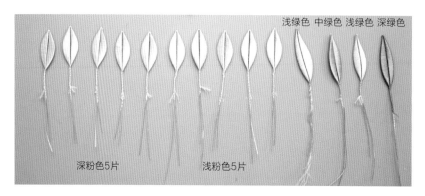

浅绿色 中绿色 浅绿色 深绿色

深粉色5片　　浅粉色5片

1 缠绕好需要的花片，分别有深粉色花瓣 5 片、浅粉色花瓣 5 片、深绿色叶片 1 片、浅绿色叶片 2 片、中绿色叶片 1 片。花瓣及叶片的颜色和数量都可以按照个人喜好自行调整。

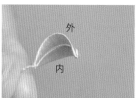

外

内

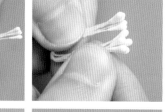

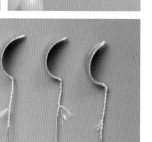

2 将花瓣抵在圆柱形笔杆上，用手按压，使其形成弧度。注意：铜丝所在的面向外，无铜丝的面向内，这样做出来的花瓣正面才没有铜丝的痕迹。

3 取 5 根翻糖双头花蕊，对折后剪开使其并在一起形成一簇，然后用棕色绒线捆绑固定。

4 在花蕊外围依次绑上 5 片深粉色花瓣，在花杆处缠绕一段棕色绒线后打结做暂时性固定。

5 用手掰开花瓣调整花瓣造型。同理，制作出另外一朵浅粉色桃花。

装饰珠串制作

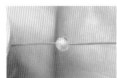
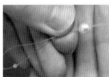
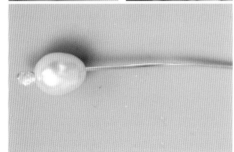

6 取一段铜丝穿过3mm切面锆石珠（可用米珠代替），将铜丝两端对折后一起穿过粉色米形珍珠。

7 用浅绿色丝线从珍珠下端开始绕线（起始位置绕得厚一些，用于固定珍珠），在丝线包裹住整个杆部后打结做暂时性固定。在丝线上点涂白乳胶后再进行缠绕，能使固定点更加牢固。同理，制作出其他两根珠串。

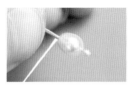

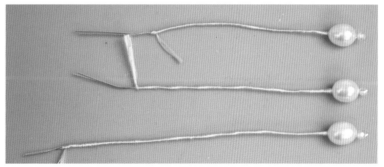

组合固定

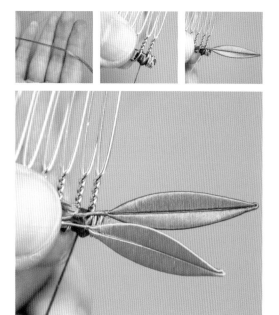

8 在八齿发梳一端用棕色绒线先缠绕若干圈进行固定，再依次添加需要的桃叶并用绒线将两者缠绑在一起。

9 用双圆头钳子弯折花朵枝干，当其靠近八齿发梳后用绒线将桃花固定在上面，随后依次添加珍珠杆、其余桃花等组件。

10 继续加固桃叶，在收尾处向前多缠绕 2cm 左右留作收尾，然后用剪刀剪去多余的铜丝及线头。

11 用双圆头钳子弯折收尾处后，用绒线包裹花杆，直至无金属部分露出。

12 在花杆收尾处涂珠宝胶，用手抹开进行固定。

13 用镊子调整桃花及桃叶造型，完成桃花发梳的制作。

第 4 章

进阶款花元素缠花

饰品制作

以花为貌 简约素雅头饰制作

以花为形 精美繁复头饰制作

以花为貌　简约素雅

头饰制作

◆ 无尽夏·绣球花发梳

绣球春晚欲生寒，满树玲珑雪未干。

材料与工具

花片（花瓣、叶片）、蚕丝线（蓝紫色、浅蓝紫色、浅蓝色、白色、深绿色、灰绿色、浅绿色）、近圆白珍珠（3 ~ 4mm）、多齿梳、0.3mm铜丝若干、镊子、白乳胶、钳子、剪刀

制作步骤详解

绣球花花朵与叶片制作

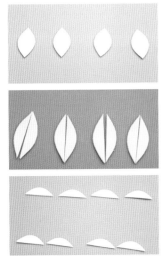

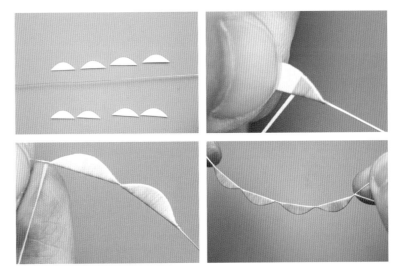

1 绣球花花球上的单朵小花由 4 片花瓣构成。因此，准备 4 片绣球花花片，沿中线剪 开后，将其排开。

2 选取长度比两片花瓣排成的直线还长 6cm 左右的铜丝，依次将 4 个半片缠 绕上浅蓝紫色丝线，形成如图所示的形态。

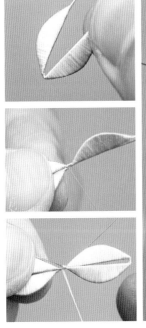

3 在两个半片中间的顶点处对折， 用丝线绑紧底部尖角处，两头的 铜丝汇合后绞在一起，使其呈现 为两片花瓣的样子。

4 把多余的丝线缠绕在铜丝绞线处，最后将丝线卡进两根铜丝的分叉口，再绞紧铜丝做暂时性固定。随后把花片顶部捏尖，即可得到一对同枝的花瓣。

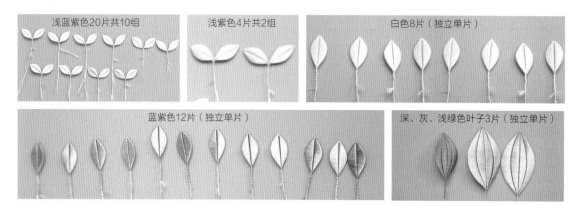

浅蓝紫色20片共10组　　浅紫色4片共2组　　白色8片（独立单片）

蓝紫色12片（独立单片）　　深、灰、浅绿色叶子3片（独立单片）

5 准备本款饰品造型需要用到的相应颜色花片样式。需注意，制作时大家可自行确定花瓣的颜色和数量，除了图中制作的同枝双片花瓣外，也可制作独片花瓣来进行组合。而此处制作同枝双片花瓣的目的，主要是避免花朵枝干过粗的问题。

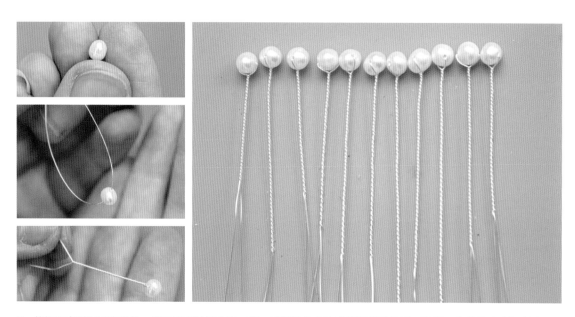

6 将铜丝穿过近圆白珍珠，随后把铜丝绞合在一起。用相同的方法准备若干珍珠杆。注意：此处的珍珠杆主要用于花朵的花蕊部分，所以准备的数量应与花朵数相同。

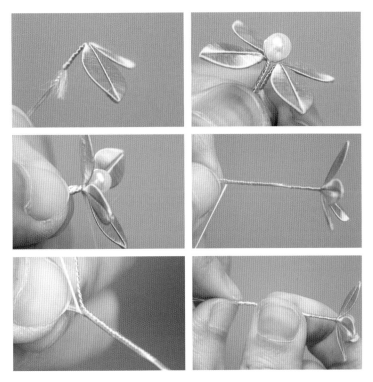

7 将同枝双片花瓣弯折 90°，两枝并拢且在中间添加珍珠杆，底部对齐后用浅绿色丝线缠绑在一起并用丝线包裹花杆部分，最后将丝线线头卡进铜丝分叉口并绞紧做暂时性固定。

8 调整花瓣造型，完成单朵小花的制作。

9 使用单片花瓣制作小花的方法与上述方法类似，均是将 4 片花瓣弯折 90° 后和珍珠杆绑在一起。

10 准备小花的时候可以采用渐变的配色，以便展示花朵的层次感。

组合固定绣球花的绑法有两种：一种是二合一绑法（见图1），另一种是四合一绑法（见图2）。注意：用二合一绑法制作而成的花枝要比四合一绑法做出的花枝细很多（见图3），大家可根据实际情况选择合适的方法。

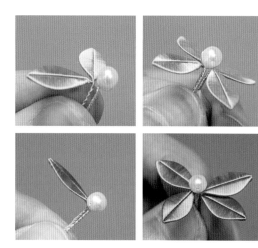

图
1

图
2

图
3

四合一绑法

二合一绑法

组合固定

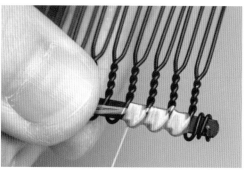

11　组合时，首先用浅绿色丝线在多齿梳上缠绕若干圈，起固定的作用。

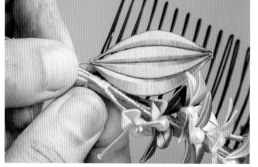

12　在多齿梳上依次绑上准备好的叶片和花朵。

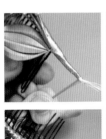
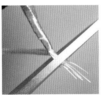

13 收尾时在尾部多缠绕 3cm 左右，用剪刀剪去多余铜丝，随后将尾部弯折，用钳子夹紧，继续用丝线缠绕直至无铜丝裸露。

14 收尾后用白乳胶点涂加固，再用镊子调整花朵和叶片的造型与分布。调整时从后向前会比较顺手，也更容易观察整体效果。

15 最后进行花瓣的调整。将小花花瓣调整至错落交叠的状态使其效果更加自然。可以按照发梳齿数的不同增减花朵数量来达到需要的效果。

墨兰·兰花软簪

初绽花灸霜叶长，凄迷幽谷闭香。

材料与工具

花片（叶片、花瓣、花蕊）、蚕丝线（深蓝色、浅蓝色、浅黄色）、近圆白珍珠（3～4mm）、0.3mm铜丝若干、圆柱形笔杆、镊子、珠宝胶、剪刀

制作步骤详解

兰花花片准备

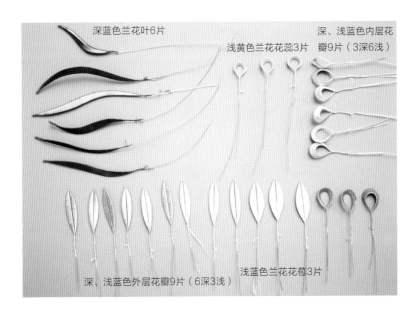

深蓝色兰花叶6片

浅黄色兰花花蕊3片

深、浅蓝色内层花瓣9片（3深6浅）

深、浅蓝色外层花瓣9片（6深3浅）

浅蓝色兰花花苞3片

1 按照本书附赠的纸样剪好卡纸并缠绕好所有花片，详情如左图所示。

兰花制作

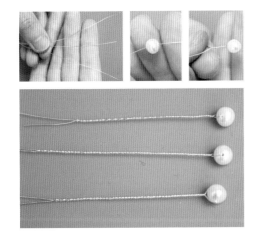

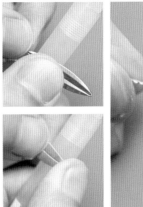

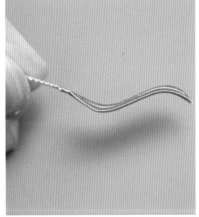

2 准备3根铜丝，先拿其中一根铜丝穿过珍珠并将铜丝绞在一起，完成珍珠杆的制作。随后，用同样的方法做出其余两支珍珠杆。

3 拿一片兰花的外层花瓣，用圆柱形笔杆将其弯曲成图中所示的造型。

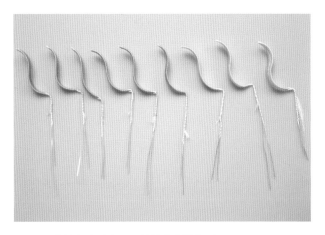

4 用同样的方法对余下 8 片外层花瓣塑形。

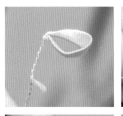
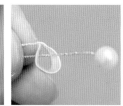

5 将花蕊花片从杆部弯折 90°，再拿珍珠杆穿过花蕊将两者并在一起，用深蓝色丝线将花蕊与珍珠杆缠绑起来。

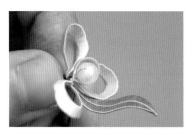

6 在花蕊组件的外层缠绑 3 片内层花瓣，缠绑时可将内层花瓣按照图中所示的"两凹一凸"的形态绑在一起，以增加花瓣的立体感。

7 在两片内层花瓣的间隙处绑上一片外层花瓣，用深蓝色丝线进行初步固定后调整花朵形态，组合效果如图所示。

8　继续在花杆上缠绕深蓝色丝线，绑完枝干部分后把线头卡进铜丝分叉处做暂时性
　　固定，然后用镊子将靠近花朵的花杆弯折 90°。

9　用上述方法制作出另外两朵
　　兰花，一共准备 3 朵。花片
　　搭配均采用外深内浅、外浅
　　内深的原则。

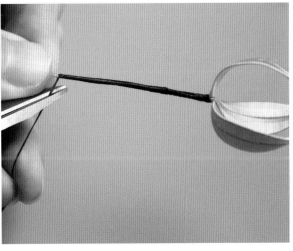

10　把用作花苞的 3 片花片用
　　圆柱形笔杆弯曲塑形，然
　　后用深蓝色丝线缠绑在一
　　起，并缠绕好杆部，用剪
　　刀剪去多余线头。

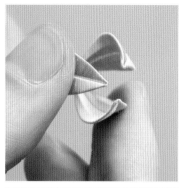
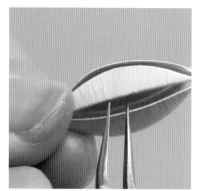

11 用手调整花苞形状，使 3 片花片
的顶端靠在一起。

12 用镊子撑开花片中间的空隙，使
花苞看起来更加立体、饱满。

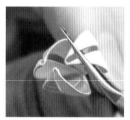

13 用镊子调整花苞尖端，完
成整个花苞的塑形。

组合固定

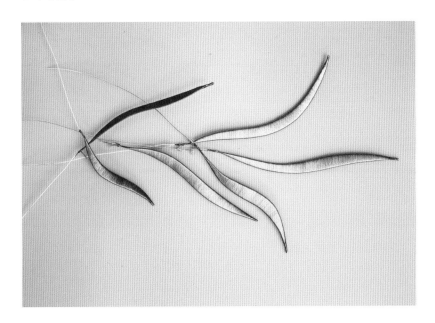

14 先将 6 片叶片按照图中的顺序排列，这样后期绑花时就可按照图中样式从右至左进行组合固定。

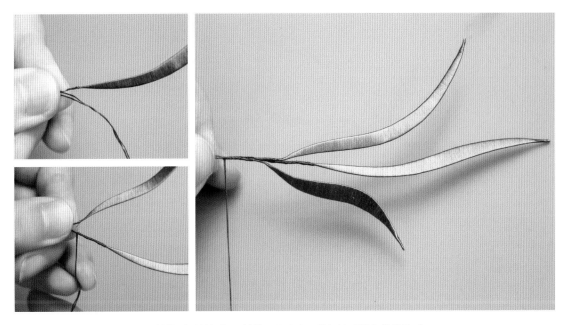

15 先将 3 片叶片绑在一起，缠绑时叶片根部可以错开几毫米，增加枝叶整体的灵动感。

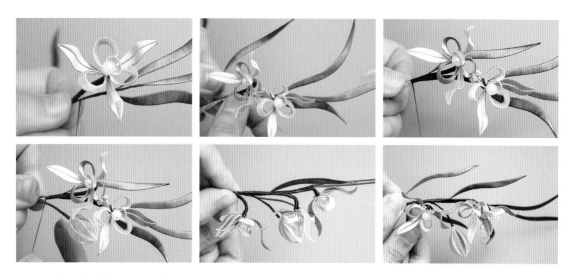

16 在叶枝上依次绑上 2 朵小花、第 4 片叶子、花苞、最后 1 朵小花以及最后 2 片叶子。花叶的缠绑顺序可按照个人喜好进行调整。

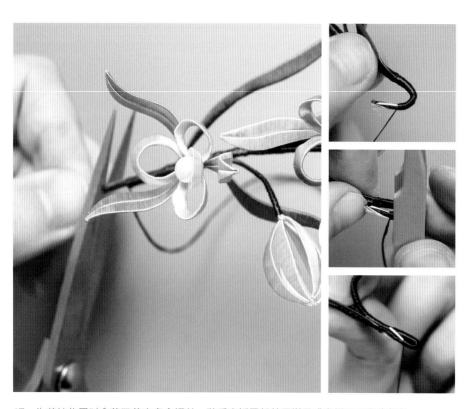

17 为花枝收尾时拿剪刀剪去多余铜丝，随后弯折尾部并用钳子或者镊子压紧弯折处。

18 用剪刀修剪收尾处的多余线头，然后用丝线包裹尾部，点涂珠宝胶加固，完成兰花花叶的组合固定。

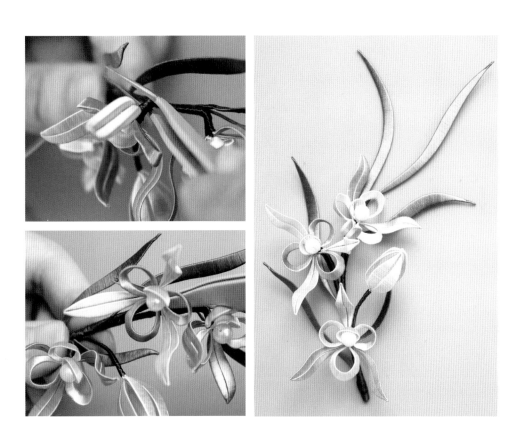

19 用镊子调整花朵造型和位置，一支兰花软簪就制作完成了。

小提示

在佩戴软簪时，可用小 U 钉将其固定在头发上。如果想要制作含有主体的发簪，则在组合制作时加上首饰主体即可。

材料与工具

花片（花苞、花瓣）、蚕丝线（粉色、浅绿色）、白色米形珍珠（5~6mm）、波浪形U钉、翻糖双头花蕊、白色或透明色米珠、0.3mm铜丝若干、圆柱形笔杆、镊子、白乳胶、珠宝胶、剪刀

制作步骤详解

樱花花片准备

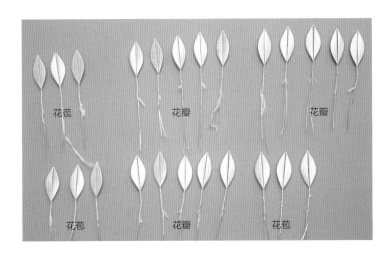

花苞　　　　花瓣　　　　花瓣

花苞　　　　花瓣　　　　花苞

1　按照本书附赠的樱花图样剪好24片花片，并缠好粉色丝线。其中9片用作花苞，15片用作花瓣。

花苞与花朵制作

2　用圆柱形笔杆对花片进行塑形，弯成如图所示的形态。

3　用手掰开花片，以增加花片的立体感。

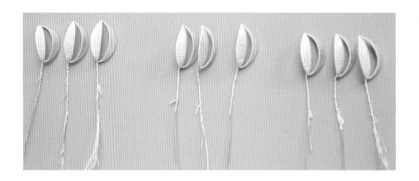

4 用上述方法对余下的花苞花片进行塑形。

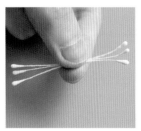 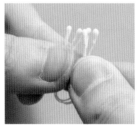 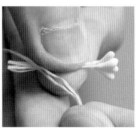 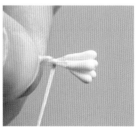

5 取 3 根翻糖双头花蕊，对折剪开后用浅绿色丝线缠绑在一起。

 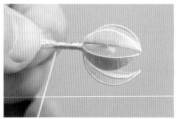

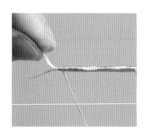

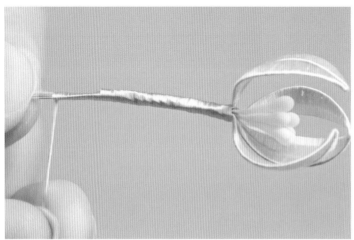

6 将花蕊和 3 片花苞花片缠绑在一起，并继续用浅绿色丝线包裹杆部。

7 花杆收尾时将丝线卡在铜丝分叉处，同时绞紧铜丝做暂时性固定。

8 用镊子调整花苞的形状，使花苞更加趋向于球形。用相同的方法制作其他两朵花苞。

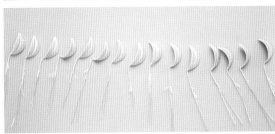

9 对剩下的 15 片花瓣进行如图所示的塑形，以制作樱花花朵。

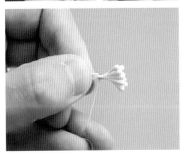

10 取 5 根翻糖双头花蕊，对折剪开后用浅绿色丝线缠绑在一起。

11 取 5 片花瓣同花蕊绑在一起，并在花杆上缠绑丝线。

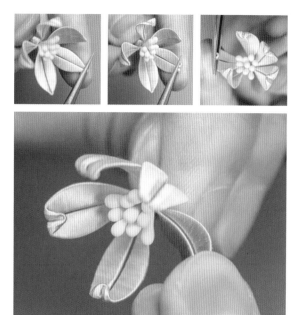

12 用镊子夹紧花瓣尖向内弯折。花朵上的 5 片花瓣都需要进行这一步操作。

13 用镊子顺着花瓣中线挑开花瓣，让花瓣尖自然形成缺口状，即可完成樱花的制作。用同样的做法制作其余两朵樱花。

串珠制作

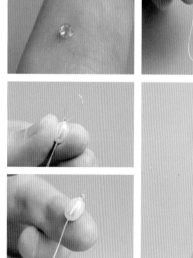

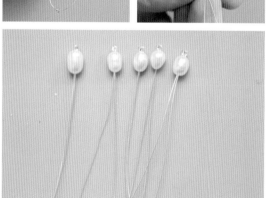

14 将铜丝穿过米珠后对折，再将铜丝两端同时穿过白色米形珍珠。用同样的方法准备其余 4 组组件。

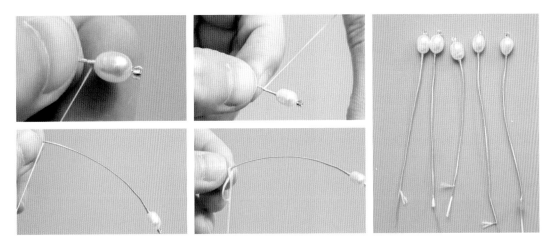

15　用浅绿色丝线包裹珍珠杆，靠近珍珠的部分需要缠绕得厚一些以便固定珍珠，缠绕到此处时可在丝线上涂
　　一点白乳胶来增加牢固度。接着在珍珠杆收尾处简单打结来进行暂时性固定。

组合固定

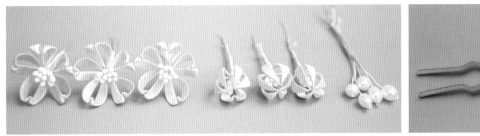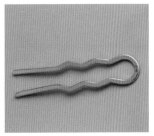

16　制作出如图所示的组件，再准备好波浪形 U 钉以便组合。

17　将珍珠杆和花苞依次
　　绑在一起，缠绑的时
　　候可以把各部分排列
　　得错落有致。

18　用镊子夹住花朵底部，弯折花杆。

19　把弯折好的花朵依次缠绑在花苞组件上。

20　缠绕好两朵樱花组件半成品后将其缠绑在波浪形 U 钉上，随后在波浪形 U 钉
　　顶部添加第三朵樱花，然后用丝线缠绕至包裹整个杆部（需要再向外缠绕杆部
　　3cm 左右），接着进行收尾。

21　用镊子弯折尾部后为
　　其缠绑丝线，直至无
　　铜丝裸露。

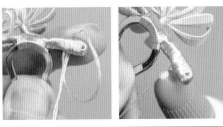

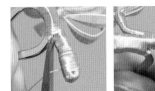

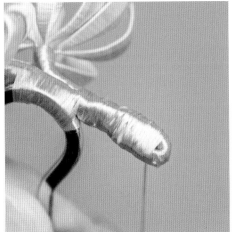

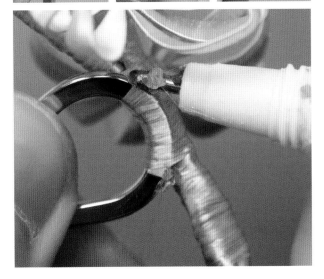

22 在杆部打结并点涂白乳胶进行加固。

23 用剪刀剪去多余丝线，在线头处点涂白乳胶，用手抹匀胶水将线头按压在杆部。随后在波浪形 U 钉与丝线的连接处点涂珠宝胶以加固主体。

24 最后用镊子调整花朵造型和位置，樱花发钗就制作完成了。大家也可以根据自己的喜好来增减花朵数量，从而设计出不同的造型。

◆ 傲寒枝 · 三分梅花簪

雪里已知春信至，寒梅点缀琼枝腻。

材料与工具

三分梅花花片、蚕丝线（正红色）、玛瑙珠（6mm、4mm，红色）、蛇形簪、金线若干、0.3mm铜丝若干、球针、枫叶铜配、棕色绒线（可用同色蚕丝线代替）、圆柱形笔杆、镊子、白乳胶、珠宝胶、剪刀、双圆头钳子

制作步骤详解

三分梅花花片准备

1　按照本书附赠的三分梅花图样剪出18片花片，并使用三分花片单铜丝杆缠丝法给花片缠上正红色丝线，花片效果如图所示。

小提示

由于本案例制作的梅花花片非常小，因此建议采用单铜丝杆缠丝法进行制作。如果制作较大的三分花片，则建议采用双铜丝杆缠丝法制作，以增加花枝的支撑力。

三分梅花制作

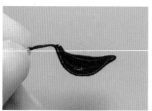
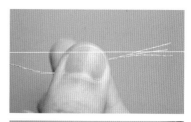

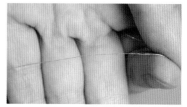

2　将缠绕好的花片压在圆柱形笔杆上塑形，此处可以选用较细的笔杆。

3　用与蚕丝线相同的劈丝方法，对金线进行劈丝处理。

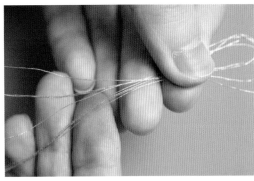

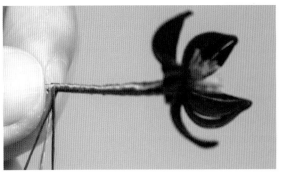

4　将劈好丝的金线并在一起对折若干次，使其形成一簇，接着用剪刀剪去其"头部"形成如图所示的形状，用于制作花蕊。

5　用棕色绒线先将金线绑在一起，再依次缠绑上5片花瓣，用绒线包裹好杆部后打结做暂时性固定。

6　用笔杆尾部压住花蕊中央，将花蕊向四周压散，完成单朵梅花的制作。

7　用相同的方法制作出其余3朵梅花，以及1朵不完整的花朵。

梅花花苞制作

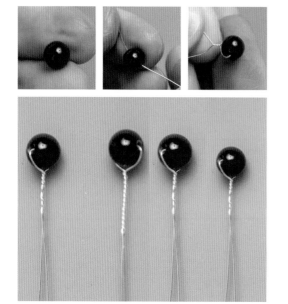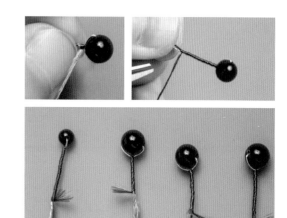

8 将铜丝穿过玛瑙珠后绞紧。此处需要制作 4 支玛瑙珠杆，其中 3 支的玛瑙珠为 6mm，余下 1 支的玛瑙珠为 4mm。

9 用棕色绒线包裹玛瑙珠杆后放在一旁备用。

梅花花枝制作

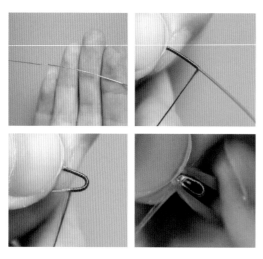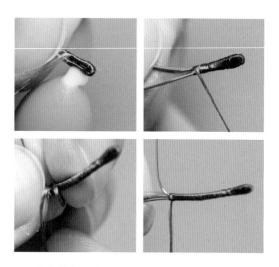

10 取长约 15cm 的铜丝，在距离端点 6cm 处开始缠绕棕色绒线，缠绕 2cm 长后将铜丝弯折，同时用镊子将弯折处压平。

11 在花枝弯折处点涂白乳胶防止绒线滑脱，然后继续用棕色绒线缠绕，绕至 3cm 长后打结进行暂时性固定，最后将铜丝分叉处较长的一根铜丝进行弯折。

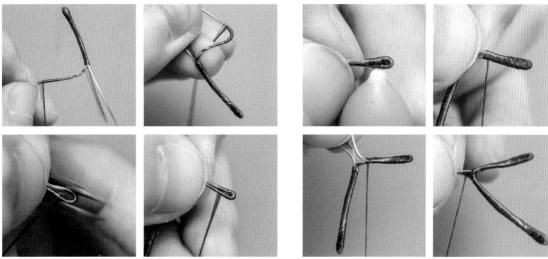

12 用棕色绒线缠绕已弯折的铜丝2cm后再次弯折铜丝，用镊子压平弯折部分后继续缠绕绒线。

13 在弯折处点涂白乳胶加固，并向下继续缠绕，直至绕成"Y"字形的花枝。

14 将玛瑙珠杆缠绑在分叉的花枝上。

15 用手弯折花朵后将其缠绑在花枝上，同时调整花枝的折角使其形成自然弯折的形态。

组合固定

 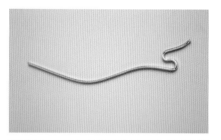

16 将一朵完整梅花和一朵三瓣梅花绑在一起，用镊子调整好造型后放在一旁备用。

17 拿出准备好的蛇形簪，将带有花枝的梅花组件绑在蛇形簪的前端。

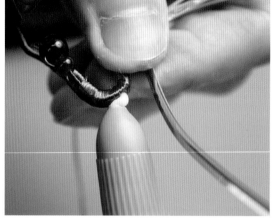

18 在缠绑固定的过程中添加玛瑙珠杆作为花苞进行点缀。由于绒线和簪体缠绕部分的摩擦力较弱，为避免滑线可在此处点涂一些白乳胶进行加固。

19 由于蛇形簪的"S"形下半部分绕线较为困难，所以绕完上半部分后直接进行简单收尾。

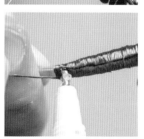

20 将在步骤 16 做好的梅花组件顺着如图所示的方向缠绑在簪体上，再在簪体和绒线的连接处点涂白乳胶加固。

21 用剪刀剪去多余铜丝，用绒线包裹完花枝后做暂时性收尾。打结收尾后在线头上点涂珠宝胶加固，并将线头粘在杆部。

22 缠绑第三朵梅花，完成最终收尾后用镊子调整梅花的造型。

23 准备两片保金色枫叶铜配，也可选择其他叶形，用于覆盖蛇形簪"S"形下半部分的簪体裸露处。先在裸露处涂上珠宝胶，将枫叶直接粘贴上去，注意正反两面都需要粘贴。

24 取一根球针穿过两片枫叶金属片中间的孔洞。

25 在枫叶金属片部件的背面用双圆头钳子使球针的多余部分弯卷,然后将卷针压平使铜针与枫叶处于同一平面上。此步骤用于加固枫叶金属片,实际操作时也可使用铜丝串珠的方式。

26 最后,在梅花花枝上点涂白乳胶加固杆体并用手抹匀,再用镊子调整梅花的造型即可。三分花瓣的梅花簪制作完成。

◆ 傲霜枝·四分梅花发钗

道人不作罗浮梦，坐看珊瑚海日红。

材料与工具

四分梅花花片（花苞、花瓣）、蚕丝线（正红色）、近圆白珍珠（5～6mm）、波浪形 U 钉、金属花蕊、0.3mm 铜丝若干、棕色绒线（可用同色蚕丝线代替）、圆柱形笔杆、镊子、珠宝胶、剪刀、钳子

制作步骤详解

四分梅花花片准备

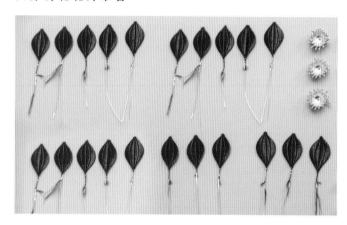

1 按照本书附赠的四分梅花图样剪出 21 片花片，并使用四分花片的缠绕方法给花片缠上正红色丝线，花片效果如图所示。其中 15 片用作花朵，6 片用作花苞。

四分梅花制作

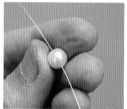

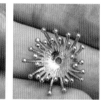

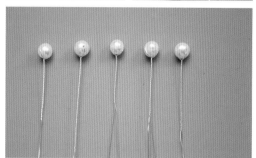
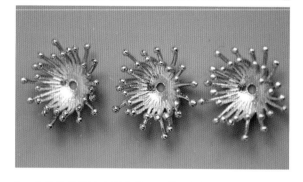

2 将铜丝穿过近圆白珍珠后，绞合铜丝做成珍珠杆，一共需要准备 5 支。

3 拿出准备好的金属花蕊，用钳子将花蕊调整成内外两层的样式。

4 将缠好的花片压在笔杆上进行塑形。

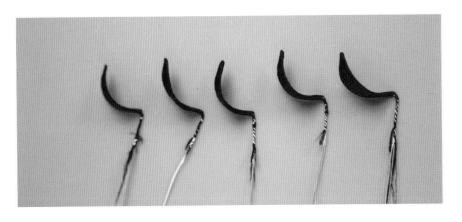

5 取6片塑形后的
花片。

6 将珍珠杆穿过金
属花蕊，用棕色
绒线缠绑固定，
然后依次绑上5
片花瓣。

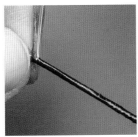

7 为枝干包裹绒线，把收尾处的绒线卡在铜丝分叉
处做暂时性固定。

8 用同样的方法制作一朵三瓣的花朵（可
以选择较小的型号作为花苞中间的金
属花蕊），接着用镊子调整花瓣弧度，
使其呈现向内弯折的球形状态。

组合固定

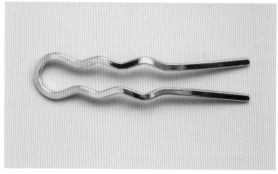

9 准备好制作完成的三朵花朵、两个花苞及一个波浪形 U 钉。

10 依次将两个花苞和两朵花朵缠绑在一起，缠绑时注意花朵之间的位置关系。

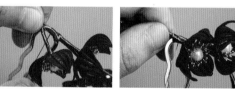

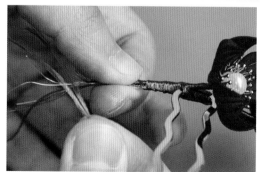

11 将波浪形 U 钉抵在花枝上，继续用绒线缠紧。

12 在波浪形 U 钉顶部缠绑上第三朵花朵，超出 U 钉的部分需要再向外缠绕 4cm 左右的长度，然后打结做暂时性固定。

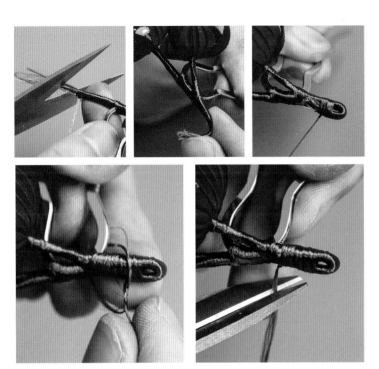

13 用剪刀剪去多余的铜丝,将尾部弯折后继续缠绕绒线直至无铜丝裸露,在收尾处打结,并剪去多余绒线。

14 在收尾处点涂珠宝胶,用手抹匀胶水。如果杆部使用的是绒线就优先选择珠宝胶进行固定;如果使用的是蚕丝线,则用白乳胶。

15 用镊子调整花朵及枝干的造型,制作出梅花枝自然虬曲的效果,四分梅花发钗制作完成。

◆ 隐逸花·菊花发钗

不是花中偏爱菊，此花开尽更无花。

材料与工具

菊花花片、蚕丝线（橘红色、肉粉色、浅肉粉色、浅粉色）、金属花蕊、近圆白珍珠（5～6mm）、U钉、0.3mm铜丝若干、棕色绒线、圆柱形笔杆（可用簪棍或其他圆柱体代替）、剪刀、镊子、珠宝胶、白乳胶

制作步骤详解

菊花花片准备

橘红色6片共3组

肉粉色8片共2组

浅肉粉色10片共4组

近白的浅粉色12片共2组

浅蓝色10片共1组

1　缠绕好需要的花片。由于本款花朵需要的花片数量较多，如果采用单独制作的方法，用铜丝将杆部绑在一起后会非常粗壮。因此采用了类似缠绕枫叶的方式将多片花片同时缠绕在一根铜丝上，以减少收束后铜丝的数量。

小提示：菊花花片样式组合方法说明

本案例制作的菊花由四层花片组合而成，且每一层花片的组合方法与颜色各有不同。从第一层花瓣到第四层花瓣，颜色由内而外渐变，依次为橘红色、肉粉色、浅肉粉色、浅粉色，其花片样式分别采用了二合一、四合一、三合一与二合一以及六合一的方法制作。每层花片样式效果展示见下图。

第一层花片样式

第二层花片样式

第三层花片样式
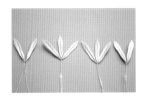

第四层花片样式

菊花制作

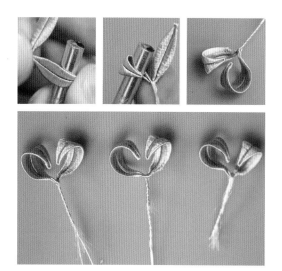
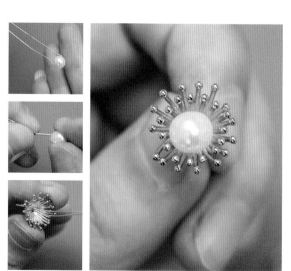

2 用圆柱形笔杆卷出菊花第一层橘红色花瓣的造型。

3 将铜丝穿过近圆白珍珠并绞紧做成珍珠杆,随后将珍珠杆穿过金属花蕊做成菊花的花蕊组件。

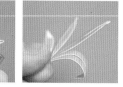

4 先用橘红色丝线缠绕花蕊组件底部若干圈进行固定,再将3组制作完成的花瓣缠绑在花蕊组件周围,调整花瓣位置使其均匀分布,做出菊花的第一层花瓣。

5 对第二层花瓣进行塑形,这层花瓣卷曲的弧度可以略大于第一层花瓣。

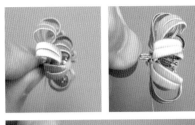

6　使用橘红色丝线将第二层花瓣缠绑在第一层花瓣周围，制作时一边缠绑花瓣一边调整各片花瓣的位置。

7　对第三层花瓣塑形，效果如图所示。

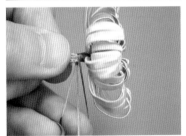

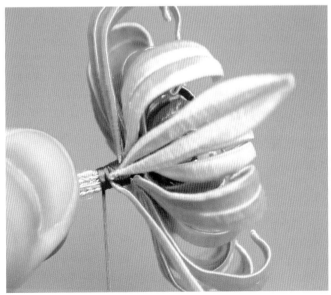

8　将第三层花瓣依次、均匀地缠绕在第二层花瓣周围，同时用镊子调整花瓣造型。

9　制作第四层花瓣时不用收束花片的尾端，直接用层单位绑花法进行花片尾端的收束。

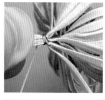

10 逐片将第四层花瓣缠绑上花杆。注意：此步中丝线要绕过两片花瓣底部的弯折处，且每个弯折处都需要缠绕丝线，千万不能只缠绑六片花瓣根部的两根铜丝，否则第四层花瓣会因重心原因出现支撑力不足而松垮下坠的现象。

小提示：第四层菊花花瓣固定技巧——层单位绑花法

菊花外围的第四层花瓣使用的是层单位绑花法来进行固定，具体绑法见右图。先固定住边缘第一片花瓣，再根据图示辅助线走向，将每片花瓣的两个端点连在一起，依次进行固定。这种绑法可以减少杆部铜丝，可以避免出现杆部过粗的现象，常用于重瓣花型的制作。

层单位绑花法示意

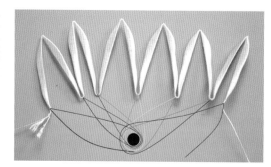

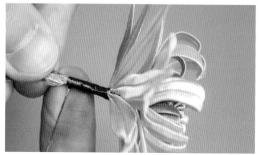

11 用层单位绑花法缠绑第二组六片花瓣，用手将花瓣尖端捏尖并调整花瓣分布的位置。

12 用棕色绒线将叶子绑在花杆上。

组合固定

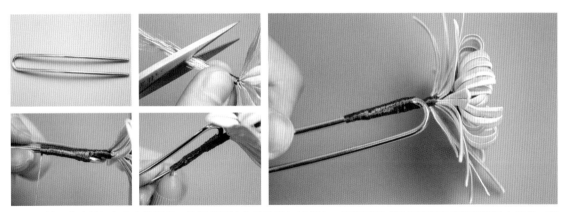

13 用剪刀剪去花杆上多余的铜丝，将杆部用棕色绒线绑在 U 钗上，再在尾部点涂白乳胶并用手在簪体上抹匀，完
   成基本的组合步骤。

14 用镊子调整花朵的方向后，用圆柱形笔杆弯曲第四层花瓣的前端，对花瓣塑形，完成塑形后在枝干弯折处点涂
   珠宝胶加固。菊花发钗制作完成。

◆ 第 5 章 ◆

提升款其他元素缠花饰品制作

材料与工具

柿子花片、蚕丝线（深橘红色、浅橘色、浅咖啡金色）、金属边夹、金属流苏链、玛瑙珠（6mm 黄、4mm 红、4mm 黄、3mm 红）、3cm 球针、侧开口包扣、开口圈、馒头珍珠（5～6mm）、0.3mm 铜丝若干、双圆头钳子、镊子、珠宝胶、剪刀

制作步骤详解

柿子花片制作

1 按照本书附赠的柿子图样准备 2 片柿子花片、4 片叶形花片。柿子花片为 8 分花片，大家可以根据自己的需要调整分片数量。柿子花片按照图 3 的排列顺序进行缠绕。

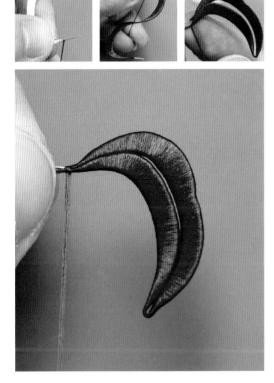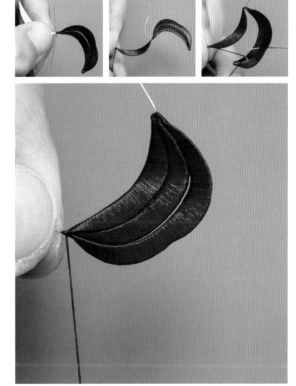

2 用深橘红色丝线依次缠绕好前两个花片，然后弯折第二分片，将其下端和第一分片的上端绑在一起。

3 按图中方式缠绕第三分片，绕线完成后弯折，用铜丝将尾部丝线钩入第一和第二分片间的空隙，并用丝线在铜丝上缠绕两圈，完成第三分片的拼合。

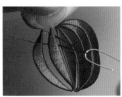
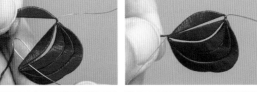

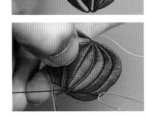

4　缠绕完第四分片后，
　　将线头穿过第二、第
　　三分片，完成拼合。
　　至此，完成平面柿子
　　果实部分一半的绕线
　　制作。

5　重复上述步骤，完成第五、第六、第七分片的缠绕和拼合。

6　缠绕完第八分片后将丝线穿入第六、第七分片间的空隙，然后用丝线同时绑住开头和结尾两端的铜丝。将丝线卡
　　入铜丝分叉处后绞紧铜丝，接着调整柿子顶部弯折处的形态，完成平面柿子果实部分的制作。

7　用相同的方法完成浅橘色的平面柿子果实部
　　分的制作。

柿叶及流苏链制作

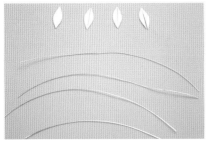

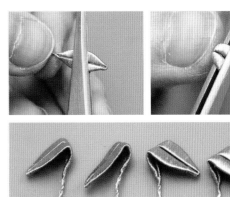

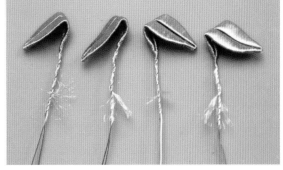

8 准备 4 片叶形花片和 4 根铜丝，然后用浅咖啡金色丝线缠绕好花片。

9 用镊子弯折叶片，做成如图所示的造型。

10 用浅咖啡金色丝线将两片叶子绑在一起并保持对称，然后把叶柄同柿子的果柄绑在一起。

11 用剪刀剪去多余的铜丝，然后弯折铜丝尾部，用叶柄同色丝线包裹尾部后点涂珠宝胶以固定。随后把收尾部分直接翻折至柿子背后，完成柿子的制作。

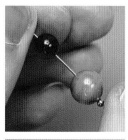 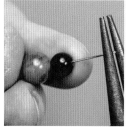

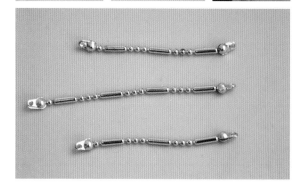

12　用球针穿过一大一小两颗玛瑙珠，用双圆头钳子以打卷的方式制作流苏链尾部吊坠，如图所示，一共需要制作 3 个流苏链尾部吊坠。为了呈现一种大小变化的美感，本款采用的串珠形式为两组：一组为 4mm 黄玛瑙珠配 3mm 红玛瑙珠；另一组则用 6mm 黄玛瑙珠配 4mm 红玛瑙珠。

13　剪下 3 段金属流苏链，两短一长（流苏链长度可以根据自己的喜好决定），用侧开口包扣包裹金属流苏链的上下两端。

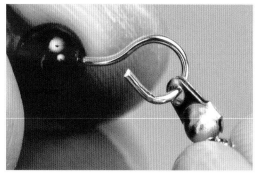

14　打开吊坠顶部的钩口，将吊坠挂在金属流苏链顶端的包扣孔洞处，完成流苏组件的制作。

15　用开口圈将流苏组件一一固定在金属边夹上。

组合固定

16　在浅色柿子花片的正面边缘点涂珠宝胶，把两片柿子花片在图示位置粘在一起。

17　在柿子组件背面涂上珠宝胶，将其粘在金属边夹上。随后在金属边夹与柿子的其他接触面涂珠宝胶进行加固。

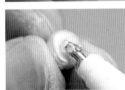

18　由于柿子花片粘合处的胶水有很大可能会沿着缝隙渗到正面，因此我们在两片柿子中间粘合的位置贴上馒头珍珠作为装饰，既可挡住渗出的胶水，又能增加美观性。待珠宝胶干透后，柿子边夹即制作完成。

◆ 寿和·桃子发梳

玉井莲花十丈开，瑶池桃子千年熟。

材料与工具

花片（果实、叶片）、蚕丝线（浅粉色、中绿色、浅绿色、深绿色）、八齿梳、0.3mm 铜丝若干、棕色绒线、水彩颜料套装、圆柱形笔杆、镊子、珠宝胶、白乳胶、毛笔、剪刀

制作步骤详解

桃子花片准备

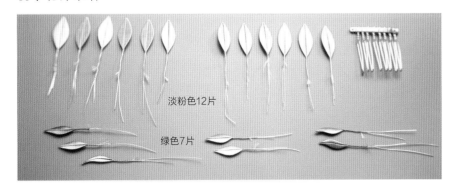

淡粉色12片

绿色7片

1　如图所示，分别准备 12 片浅粉色叶形花片用作果实，7 片绿色叶形花片用作桃叶。缠绕桃叶时可选用深浅不一的绿色以增加层次感。

桃子制作

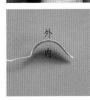

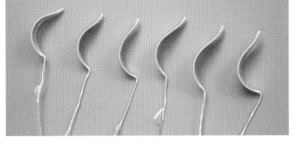

外
内

2　将 12 片浅粉色花片压在圆柱形笔杆上进行塑形。注意：铜丝所在面在内，平滑面在外。

桃子做法 1：尖端先并法

缠绑前，先将花片的尖端进行合并固定，采用先绑线后涂胶水的方式来组合球状果实，此方法适用于新手。其优点是容易操作，技术性不高。但不足之处在于制作步骤稍显烦琐，且效果一般。

3 将浅粉色丝线穿过两片花片中间的空隙，并打结固定。

4 将上述步骤中的丝线的两端分别穿过另外两片花片，并打结固定。同理，继续在花片组件上添加最后两片花片并固定。

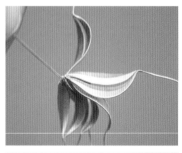

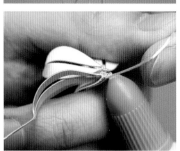
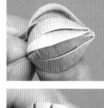

5 为防止打结处松散，可以在打结处点涂白乳胶进行加固。

6 捏住线头将 6 片花片的底端并在一起，用镊子调整花片的造型及分布位置。

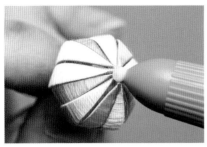

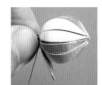

7　在桃子外部的尖端处涂白乳胶加固。

8　用棕色绒线将果柄处的花片缠紧并将桃叶和其缠绑在一起，然后调整桃子的造型，用尖端先并法制作的桃子就完成了。

桃子做法 2：传统绑果法

先完成果柄处的整体固定，再用丝线缠绕的方式使尖端处并在一起。其优点是高效快速，缺点在于新手掌握不好力度，导致后期制作出的果形不好看。

9　首先像绑桃花一样把 6 片花片绑在一起。

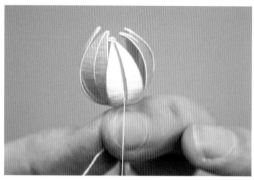

10　先在果柄处缠绕几圈与花片同色的丝线，然后将丝线从一片花片的中间穿过并向上拉至顶点，再从对面花片的中间穿下去回到果柄。

11　丝线回到果柄后绕柄一圈从另一片花片的中间穿过并向上拉至顶点，再从对面花片的中间穿过回到果柄。

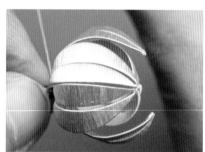

12　以此类推，让丝线缠过每一片花片的顶点。注意：每次使用的力度要相同，否则容易因松紧程度不一样而出现果形歪扭的情况。完成 6 片花片的尖端合拢后，用浅粉色丝线在花杆处打结做暂时性收尾。

13　用手调整好桃子果实的大致形状，再用棕色绒线同时缠绕两片桃叶，将桃叶和果柄缠绑在一起并包裹住整个杆部，用传统绑果法制作的桃子就完成了。

14 用手调整桃子造型后，用镊子将果柄弯折90°。按照相同的方法，制作另一个桃子，但不弯折果柄。

渐变染色

15 先用毛笔蘸取少许粉色，再加大量清水调出浅粉色，使桃身变湿润，然后用浅粉色水彩颜料涂满整个桃身。

16 蘸取较深的粉色点涂桃子的尖端，此时的效果如图，色彩过渡不自然。

17 蘸取白色水彩颜料涂于整个桃身，同时在深浅粉色的交接处反复晕染，使深浅颜色过渡自然。

小提示

上色时可以采用少量多次的绘画技巧以增加真实感。本步骤中加涂白色的目的有两个：一是减少不自然颜色的过渡，二是降低蚕丝线的光泽感，使桃子呈现自然的亚光效果。大家可以根据自己的审美尝试不同的上色方式。

18　上完色的桃子需要静置至颜料完全
　　干透，然后用镊子微调桃子的造型。

组合固定

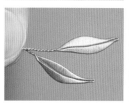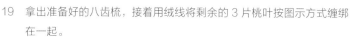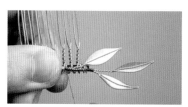

19　拿出准备好的八齿梳，接着用绒线将剩余的 3 片桃叶按图示方式缠绑
　　在一起。

20　把桃叶和桃子依次缠绑在八齿
　　梳上。

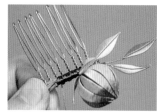

21　缠绑的过程中可随时用镊子调整
　　桃子和桃叶的造型。

22　加上第二个桃子后继续缠绕枝干直至超出八齿梳 2cm 左右，接着用
　　剪刀剪去多余的铜丝。

23 将枝干尾部弯折后用丝线收尾，点涂珠宝胶加固并用手抹匀胶水。

24 组合固定完成后用毛笔蘸水或白色水彩颜料涂抹桃子，对色彩过渡不满意的地方进行微调。待颜料干透后桃子发梳就制作完成了。

小提示：桃子上色

桃子上色分为两部分：第一部分是用水彩颜料涂出桃子表面的颜色，等待晾干；第二部分则是将桃子缠绑上八齿梳后，继续用水彩颜料修补桃子表面颜色渐变不自然的区域，从而达到去光、顺色的目的。

昆虫元素缠花
饰品制作

材料与工具

花片（上翅、下翅、头部）、蚕丝线（深绿色、浅绿色）、黑色小U钉、仿珍珠（3mm、6mm）、铜丝若干（0.3mm、0.5mm）、白乳胶、剪刀、珠宝胶

制作步骤详解

蜻蜓花片准备

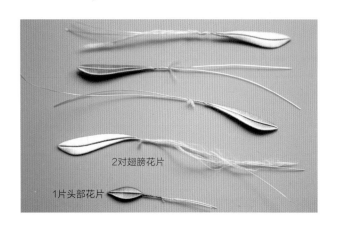

2对翅膀花片

1片头部花片

1　缠绕好两对蜻蜓翅膀花片和一片蜻蜓头部花片。

蜻蜓制作

2　将两对翅膀按照蜻蜓的造型合并在一起，点上白乳胶用手抹匀以减少杂乱的线头。再取一颗6mm仿珍珠，同时让翅膀部分的8根铜丝穿过仿珍珠并勒紧。注意：由于铜丝数量较多，此步只适用6mm仿珍珠，铜丝则选用0.3mm的型号，否则仿珍珠中间的孔洞无法容纳所有铜丝穿过。

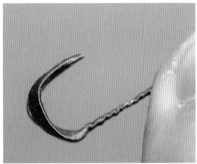

3 将头部花片按正面向外、背面向内的方向弯折。

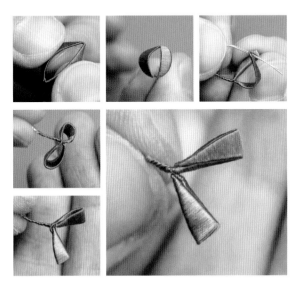

4 用手掰开头部花片的中缝，将尾部铜丝穿过中缝顶点后弯折铜丝，使头部花片呈现如图所示的造型。

5 将头部花片的铜丝穿过仿珍珠，再调整翅膀花片和头部花片的位置。

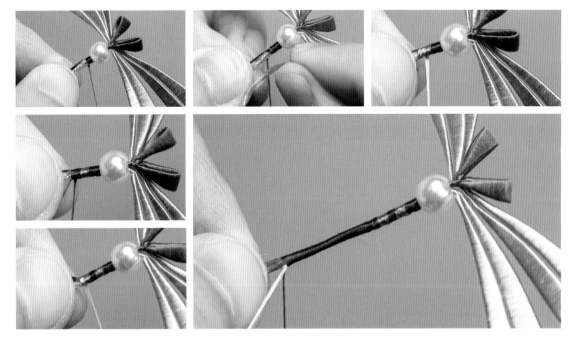

6 用深绿色丝线缠绕仿珍珠下方的铜丝，待缠绕 3mm 后接上浅绿色丝线，继续缠绕 3mm 后换为深绿色丝线，以这种方式缠绕出蜻蜓身体上的花纹。注意：此过程中不需要剪断两根不同颜色的丝线。

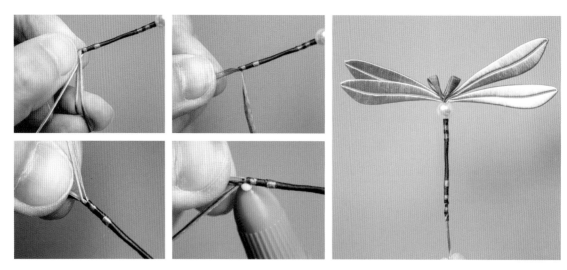

7 缠线至蜻蜓尾部时，继续用上一步的交叉缠线方法缠出蜻蜓尾部的花纹，然后在收尾处点涂白乳胶将线头收束好。

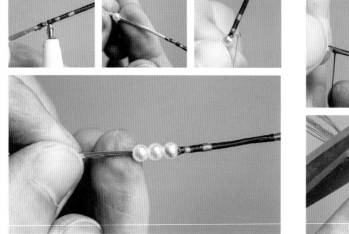

8 在线头收尾处点涂珠宝胶，随后穿上 3 颗 3mm 的仿珍珠，用废铜丝将多余的胶水挑去。

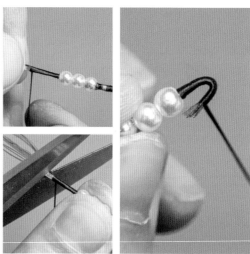

9 在第三颗仿珍珠后面继续缠绕深绿色丝线（缠绕长度约为 1cm），再拿剪刀剪去多余铜丝并弯折尾部进行收尾。

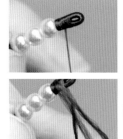

10 用丝线将尾部包裹至无铜丝裸露，打结收尾后在尾部点涂白乳胶进行加固。

11 用手将蜻蜓身体部分弯折成自然的弧度，再调整翅膀之间的位置。

组合固定

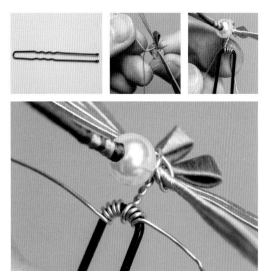

12 取一根型号为 0.5mm 的铜丝，如图所示，用铜丝在蜻蜓的胸部打十字交叉形铜丝结。

13 取出准备好的黑色小 U 钗，在蜻蜓下方绞紧蜻蜓胸部两端的铜丝，并且缠绕在黑色小 U 钗上。

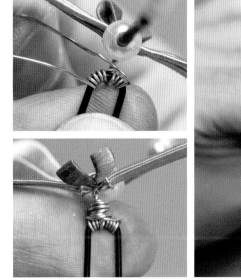

14 让两端的铜丝向上缠绕，于绞紧处绕完剩余部分，增加整体的牢固度。如果出现不牢固的情况，在铜丝上点涂珠宝胶加固即可，蜻蜓发钗制作完成。

◆ 比翼双飞·正翅蝴蝶软簪

锦瑟无端五十弦，一弦一柱思华年。
庄生晓梦迷蝴蝶，望帝春心托杜鹃。

材料与工具

正翅蝴蝶花片、蚕丝线（浅粉色、紫粉色、粉色）、丝光线（深紫色、浅粉色、浅紫色）、近圆珍珠（3mm）、近圆白珍珠（5～6mm）、粉色米形珍珠（5～6mm）、0.3mm铜丝若干、棕色绒线、珠宝胶、剪刀、镊子

制作步骤详解

正翅蝴蝶花片制作

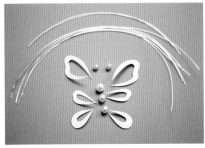

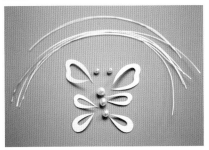

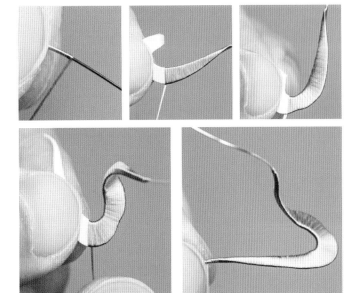

1　如图所示，按照本书附赠的图纸准备 2 组制作正翅蝴蝶需要的花片以及相关材料。注意：案例中的蝴蝶花片造型较为特别，因此给出了蝴蝶花片的缠线制作过程，便于大家了解蝴蝶翅膀这类花片的缠丝制作。

2　以弧形花片的缠法来缠绕蝴蝶的翅膀。缠绕右侧花片时可以将左侧比较碍手的花片先向后弯折，待缠绕至左侧时再将已经缠好的右侧花片弯折，这样可以使缠绕过程更加轻松，避免总是出现纸片钩带丝线的情况。

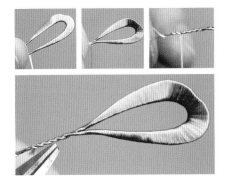

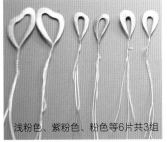
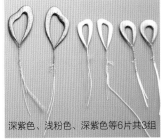

浅粉色、紫粉色、粉色等6片共3组　深紫色、浅粉色、深紫色等6片共3组

3　缠绕好一只翅膀后将花片两端合拢并绞紧，接着用丝线缠绕并卡在铜丝分叉处做暂时性固定，再拿剪刀剪去丝线。这样做出来的翅膀会自然向上翘起，使成品看起来更加自然。

4　用同样的方法依次缠绕完粉色蝴蝶余下的 5 片翅膀花片以及紫色蝴蝶的 6 片翅膀花片。此案例中粉色蝴蝶以蚕丝线制成，紫色蝴蝶以丝光线制成，借此大家可以对比两种丝线所制成品的效果差异。

正翅蝴蝶的躯干制作

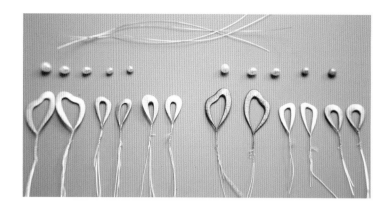

5　本款发饰所需材料如图所示，因制成的是软簪，故不需要准备主体。

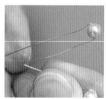
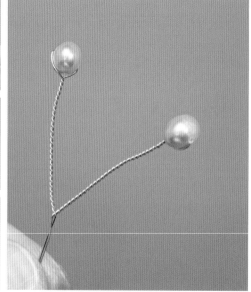

6　将铜丝穿过 3mm 近圆珍珠，绞紧铜丝形成一条蝴蝶触须。不剪断铜丝，用其中一端再次穿过一颗珍珠，预留和已做好的蝴蝶触须一样的长度后绞紧铜丝，形成如图所示的效果。

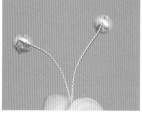

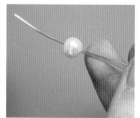

7　用手弯折铜丝，调整蝴蝶触须的弧度，使珍珠正面向上。右图展示的是触须背面的效果。

8　取一条铜丝对折，两端同时穿过一颗 5 ~ 6mm 的近圆白珍珠，使其呈现珍珠一端是两根铜丝，另一端是一个铜丝圈的形态。

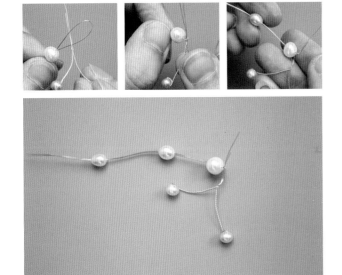

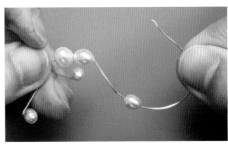

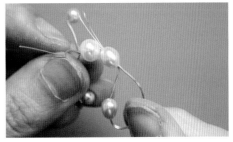

9 将触须末端穿过前面做好的铜丝圈，随后勒紧铜丝。同时在另一端穿上两颗 5 ~ 6mm 粉色米形珍珠，效果如图。

10 将尾端的铜丝弯折，穿过第二颗粉色米形珍珠。

11 勒紧铜丝使其呈现图中的效果。然后将触须部分的尾端沿着第一颗珍珠弯折，并让其与穿过粉色米形珍珠的铜丝汇合，最终效果如图所示。

12 用棕色绒线缠绕尾端，再在第一颗珍珠和第二颗珍珠中间缠绕两圈，进行整体加固。

组合固定

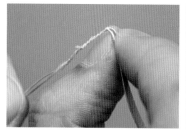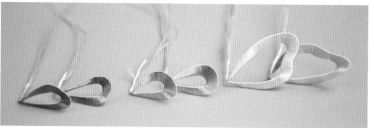

13　将粉色蝴蝶的所有翅膀花片弯折 90° 备用。

14　用一片小翅膀叠加一片大翅膀的方法做出上翅的花纹效果。将上翅组件和躯干部分用棕色绒线缠绕起来，蝴蝶便做好一半了。

15　添加下方的一对翅膀后进行枝干的缠绕，调整好翅膀的造型和位置，完成粉色蝴蝶的制作。

16　用相同的方法制作出
　　紫色蝴蝶。

17　用镊子调整两只蝴蝶
　　下方的枝干造型，再
　　用棕色绒线将二者缠
　　绑在一起。

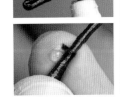

18　弯折枝干尾部并缠绕棕色绒线，直至无铜丝裸露。打结后点涂珠宝胶，用手将胶抹匀，即可完成正翅蝴蝶软簪
　　的制作。

◆ 翩然·侧翅蝴蝶发钗

耳声眼色总非真，物我间为一窖尘。

蝴蝶不知身是梦，花间栩栩过青春。

材料与工具

侧翅蝴蝶花片、蚕丝线（深蓝色、浅蓝色、白色）、黑色小 U 钉、近圆白珍珠（3～4mm）、0.3mm 铜丝若干、棕色绒线、剪刀、珠宝胶、镊子

制作步骤详解

侧翅蝴蝶花片制作

1 按照本书附赠的侧翅蝴蝶图样，准备好需要的 5 片侧翅蝴蝶花片（2 片大号翅膀，2 片小号翅膀、1 片躯干），沿标记线剪开花片以降低制作难度。

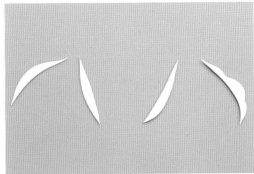

   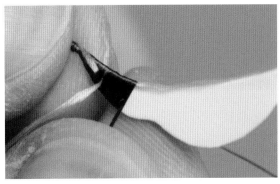

2 按照图中给出的分解顺序缠绕大号翅膀。首先在铜丝上同时缠绕深蓝色和白色两股丝线。

3 放上花片后先缠绕约 5mm 长的深蓝色丝线，然后将白色丝线压于深蓝色丝线上，随后再进行深蓝色丝线的缠绕，待深蓝色丝线缠绕两圈后移除白色丝线，改变花片方向，将白线握于左手中，用右手继续缠绕深蓝色丝线。

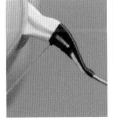   

4 用上述间隔缠绕的方式，在花片上反复缠绕，即可得到深蓝色中镶白色的嵌线效果。

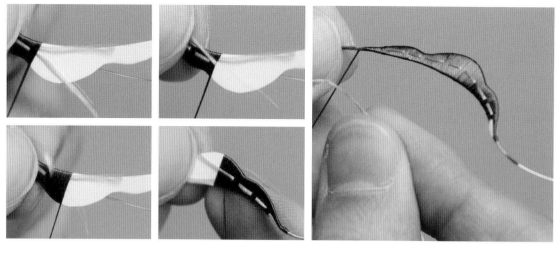

5 实际缠绕时可从左向右进行，方便在移除白色丝线、缠绕深蓝色丝线时，用左手压住白色丝线起到拉紧的效果。
   注意：此种方法不仅适用于嵌异色线，也适用于嵌金银纸片，从而达到嵌色效果。

6 用四分花片的缠绕方式为中间
  两片不需要嵌色的花片缠绕浅
  蓝色丝线。

7 由于嵌线步骤中线头较多，如
  果要接线就需要及时剪去多余
  的线头，避免丝线之间相互缠
  绕，导致打结。

8 用缠绕第一分片的方法缠绕第四
  分片。

9 收尾处还是采用四分花片的收尾方法，收尾后将铜丝绞紧，让丝线卡在铜丝分叉处做暂时性固定，用剪刀剪去多余的丝线。用同样的方法制作另一只翅膀。注意：侧翅蝴蝶的翅膀花片完全一致，不需要做成对称的形式。

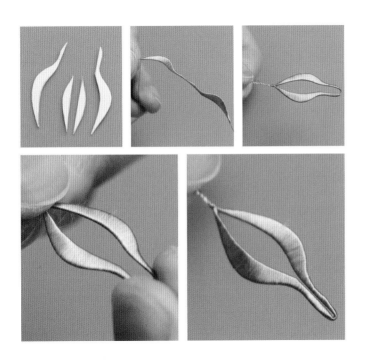

10 制作小号翅膀时，用浅蓝色丝线缠绕好翅膀外圈的两个异形分片。

11 用深蓝色丝线缠绕好内圈花片，接着将内外圈花片绑在一起。小号翅膀的方向同样一致，不需要做成对称的形式。

侧翅蝴蝶的躯干制作

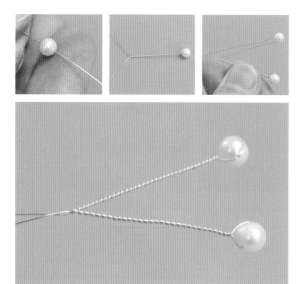

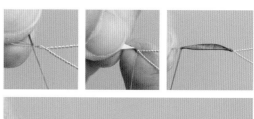

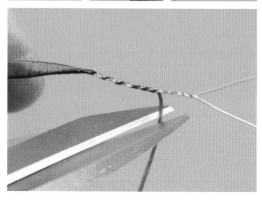

12 此处蝴蝶触须部分的制作方法与上个案例"比翼双飞·正翅蝴蝶软簪"的方法相同。

13 从触须合拢处开始，用深蓝色丝线缠绕躯干部分的花片，完成缠绕后收尾做暂时性固定。

组合固定

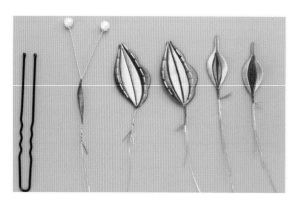

14 准备好需要的组件，分别为黑色小 U 钉、蝴蝶的躯干组件、2 片大号嵌线翅膀花片、2 片小号翅膀花片。

15 用棕色绒线将两对翅膀按图中的组合样式固定，然后绑上蝴蝶的躯干组件。

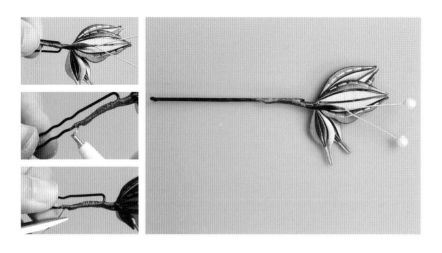

16　将组合好的蝴蝶绑在黑色小U钉上，用棕色绒线捆绑固定，剪去多余绒线后，收尾处点涂珠宝胶加固。

注意：需要制作单个小发钉时，可以将绑好的小发钉剪去一半，也可以剪去一半小U钉后再绑。后者相对来说更为简便。

17　用镊子调整蝴蝶的位置和造型，将躯干部分弯折至如图所示的形状，再在连接处点涂珠宝胶加固。

18　用手调整触须的弯曲弧度，这样侧翅蝴蝶发钉就制作完成了。

第 6 章

创新款组合缠花

饰品制作

云月相映桂枝香·云梔簪

一枝春·桃花簪步摇

臧风·仿点翠发钗

彭华·仿点翠发梳

云月相映桂枝香·云桂簪

中庭地白树栖鸦，冷露无声湿桂花。

今夜月明人尽望，不知秋思落谁家。

材料与工具

花片（叶形、月形、云纹形）、蚕丝线（月白色、浅黄色、黄色、绿色、深黄色、金色、橘色、浅蓝色）、蛇形簪、近圆白珍珠（3～4mm）、0.3mm铜丝若干、棕色绒线、镊子、珠宝胶、白乳胶、剪刀、圆柱形笔杆

制作步骤详解

花片制作

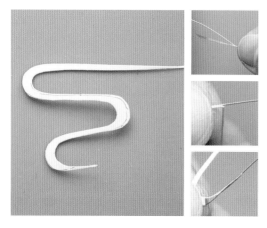

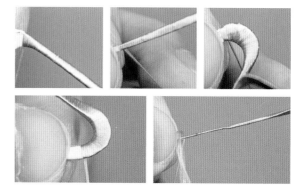

1　取浅蓝色蚕丝线，采用独片花片的缠绕方法进行云纹形花片的缠绕。注意：云纹形花片的起头处和结尾处都不需要进行藏头处理。

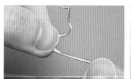 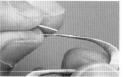

2　缠好云纹形花片后在结尾处打结并点涂白乳胶进行暂时性固定。

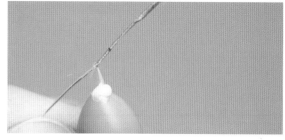

浅黄色12片共6组　　深黄色4片共2组

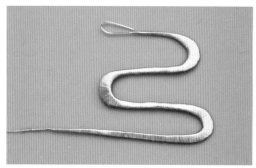

黄色8片共4组

3　将云纹形花片起头处铜丝弯折成图示形状后，放在一旁备用。

4　按照花片图纸剪好叶形桂花纸胎花片，并用如图所示颜色丝线缠好。需注意，一朵桂花由两组花片组成，所以每种颜色花片的数量都是2的倍数。此外，为了使成品更有层次感，大家可采用相近的渐变色丝线进行缠绕。

橘色8片共4组　　金色4片共2组

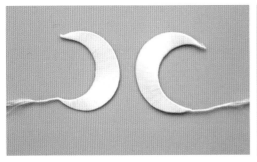 

5 取月白色蚕丝线，采用独片花片的缠绕方法缠好对称的两片月形花片（起头处需要做藏头处理），然后准备4片绿色叶形花片，完成本案例制作的前期准备。

云月组合

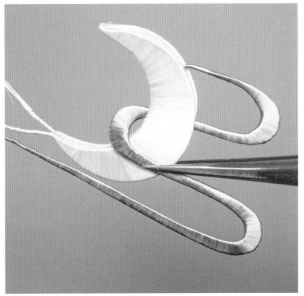

6 用两片月形花片背靠背夹住云纹形花片，将云纹形花片起头处的铜丝弯折藏在两片花片中间。

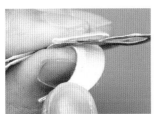

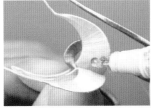
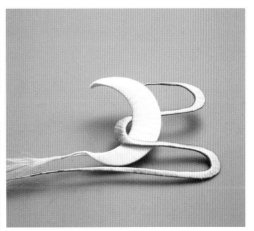

7 在两片月形花片之间均匀点涂珠宝胶，随后将其合拢。注意：粘贴月形花片时一定要让正反两片花片完全重合，这样做出来的簪子从背面看也不会有杂乱的感觉。

桂花制作

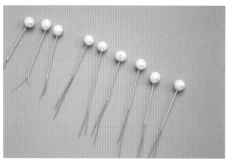

 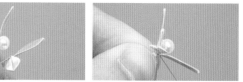

8 用铜丝和 3 ～ 4mm 近圆白珍珠制作 9 支珍珠杆作为桂花的花蕊。

9 用两组桂花花片夹住一支珍珠杆，用绿色丝线将其缠绑在一起，并用丝线包裹杆部。

10 用圆柱形笔杆调整花片弧度，这一步也可以在绑花前完成。以相同的方法制作余下 8 朵桂花。

组合固定

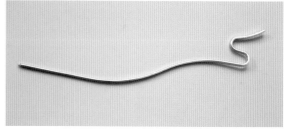

11 如图所示，准备桂花叶、桂花、云月组件以及蛇形簪，进行发簪的组合。

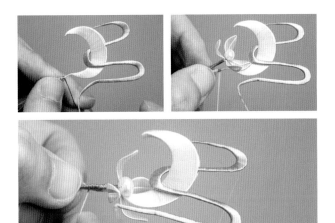
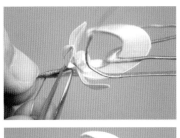
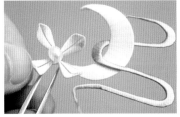

12 从月亮下端的铜丝处缠绕绿色丝线,并将浅黄色桂花缠绑上去。

13 每缠绑一朵桂花均需要用镊子调整花朵的位置和造型。

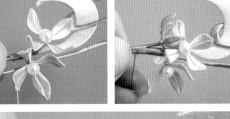

14 缠绑第二朵黄色桂花。

15 将云纹形花片下半部分的铜丝绑在桂花枝干上,然后缠绑第三朵金色桂花。

16 缠绑第四朵橘色桂花,用镊子调整 4 朵桂花之间的位置。

17 用剪刀剪去杆部多余的铜丝，然后用绿色丝线将饰品组件缠绑在蛇形簪的簪头上。

18 将两片桂花叶同时缠绑上去，同样剪去多余铜丝。

19 在蛇形簪簪头"S"形的上半弧处进行收尾，点涂白乳胶加固，随后用镊子调整桂花叶的位置。

20 在蛇形簪的下半弧处开始缠绑另一组桂花。

21 同样，每缠绑一朵桂花都要用镊子调整花朵的位置和造型。

22 绑上所有桂花后统一调整造型，并剪去多余铜丝。

23 继续用丝线将所有杆部完全包裹直至
  无铜丝裸露，收尾打结后再点涂白乳
  胶，并用手抹匀，完成花枝的收尾。

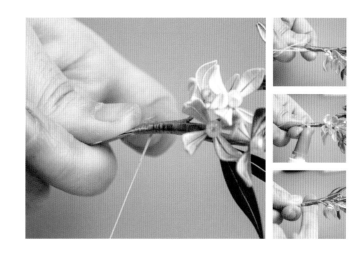

24 最后，用镊子调整整体造型，完成云桂簪的制作。

一枝春·桃花簇发梳

满树和娇烂漫红、万枝丹彩灼春融。

何当结作千年实、将示人间造化工。

材料与工具

花片（花瓣、花苞、叶片）、蚕丝线（深粉色、中粉色、浅粉色、浅绿色、深绿色）、波浪形四齿梳、米形珍珠（5～6mm，粉色和白色）、镀金隔珠（3mm）、近圆白珍珠（3～4mm）、球针、9针、金属流苏链若干、翻糖双头花蕊、编绳形保色金铜配（可替换）、侧开口包扣、龙虾扣、开口圈、棕色绒线、0.3mm铜丝若干、圆柱形笔杆、镊子、珠宝胶、剪刀、双圆头钳子

制作步骤详解

花片准备

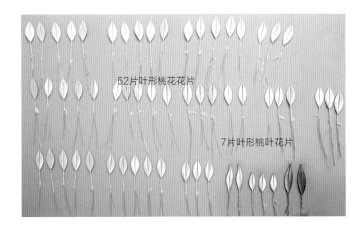

1 根据本书附赠的案例花型图，准备好如图所示的桃花花片和桃叶花片。
本款发梳需要52片叶形花片做花瓣（色彩可以按照喜好自行替换），7片叶形花片做桃叶。注意：图中粉色花片分别为浅粉色花片18片、深粉色花片21片、中粉色花片13片。

桃花制作

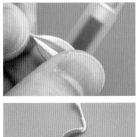
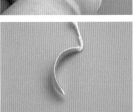
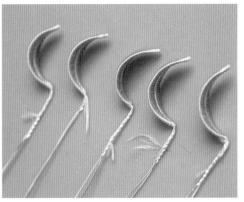

2 用圆柱形笔杆对45片花瓣进行塑形，使其呈现如图所示的造型，用于制作桃花。取出5片花瓣，用来制作一朵完整的桃花。

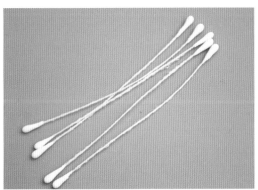

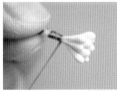

3 取翻糖双头花蕊5根，对折后形成10根一组的花蕊，然后用棕色绒线将其缠绑在一起。

4 将 5 片花瓣正面向内、反面向外,依次缠绑在花蕊周围,用棕色绒线缠绕杆部后进行暂时性固定。

5 用手将花瓣展开,同时调整造型。再用同样的方法,做出其余 8 朵完整的桃花(共 9 朵),如图所示。

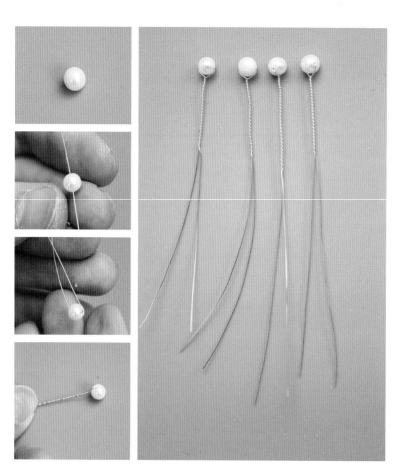

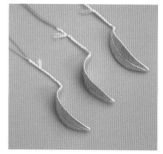

6 参考前面章节里的制作方法,制作 4 组珍珠杆用作花苞内芯。

7 取 3 片花瓣,使其正面向上压在圆柱形笔杆上塑形,形成如图所示的造型。

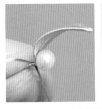

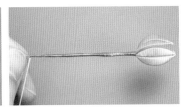

8 将 3 片花瓣同珍珠杆缠裹在一起（注意花瓣无铜丝光滑的正面向外、有铜丝痕迹的背面向内），用深绿色丝线包裹整个花杆后进行收尾，接着用手将 3 片花瓣向内挤压合拢，做出完全闭合的花苞造型。用相同的方法再做出 2 组花苞，一共需要制作 3 组。

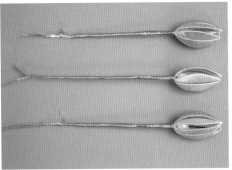

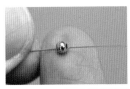
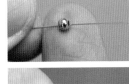

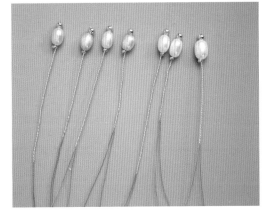

9 用上述方法缠绑花苞后，用手掰开花瓣中线，调整造型后可以得到半开的花苞。

10 将铜丝穿过镀金隔珠，再对折铜丝并穿过一颗 5 ~ 6mm 粉色米形珍珠，接着取小一号的镀金隔珠穿过粉色米形珍珠下方的一根铜丝，将两端的铜丝绞紧后形成如图所示的珍珠杆。用相同的方法制作若干此造型的珍珠杆备用。在本步骤中一共制作了 7 组米形珍珠，包括 4 组粉色、3 组白色。

组合固定

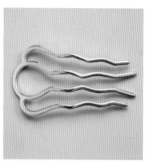

11 如图所示，准备需要的组件以及一个波浪形四齿梳。

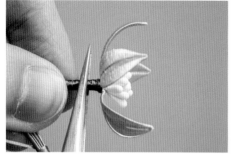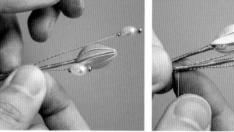

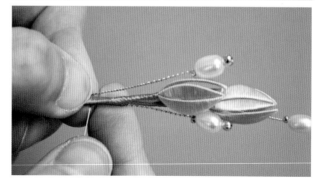

12 用镊子弯折花杆，使其呈现出如图所示的
造型。

13 用深绿色丝线将花苞和珍珠杆错落有致地绑在一起，此处
的造型可以根据喜好自行调整。

14 在花枝组件上依次缠绑上花朵、花苞和珍珠杆，尽量使其均匀分布。

15　继续缠绑花朵与叶子，一边缠绑一边调整花朵的造型和位置，先完成一小簇桃花枝的造型制作。

16　取3朵桃花，用镊子调整花杆造型后，用棕色绒线将其缠绑在一起。

17　调整花朵造型做出第二组小型的桃花枝，尽量使各花瓣紧挨着又不相互遮挡。

18　在波浪形四齿梳上缠绑几圈棕色绒线线进行固定，然后将第一组桃花枝先缠绑在波浪形四齿梳上，再添加第二组小型桃花枝。

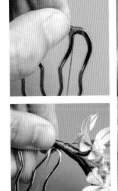

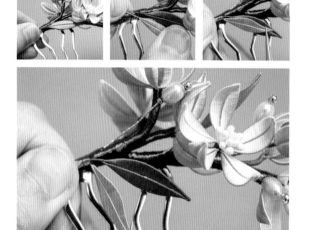

19 添加桃叶和珍珠杆进行点缀，将所需组件依次缠绑在波浪形四齿梳上。

20 一边缠绑一边再次调整造型，如果出现不协调的地方需要及时进行调整，避免全部完成后才发现不足。

21 在结尾处添加最后一朵桃花，缠绑上用于遮挡结尾枝干的桃叶以及珍珠杆。结尾后需要再向外缠绕 2cm 左右。

22 用剪刀剪去多余的铜丝，然后弯折尾部铜丝。注意：收尾时弯折的铜丝不要和杆部完全并在一起，需留一个小圈备用。

23 用手将珍珠杆和桃叶向杆部收尾方向弯折，调整枝叶的最终形态，然后在结尾处点涂珠宝胶加固，将所有收尾的线头都黏附在枝干上面。

24 用镊子调节桃花簇的整体造型，完成桃花发梳的主体部分制作。

流苏链制作及组合

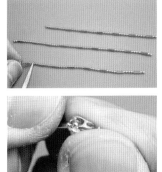
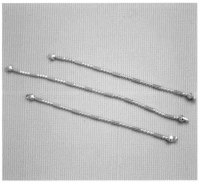

25 取两短一长共3条金属流苏链，并在金属流苏链的两端都包上侧开口包扣。

26　用球针依次穿过 5 ~ 6mm 粉色米形珍珠、2mm 镀金隔珠和 3 ~ 4mm 近圆白珍珠，随后用双圆头钳子对球针尾部进行弯卷，制作成珍珠吊坠组件。同理，一共做出 3 组珍珠吊坠备用。

27　用 9 针穿过 5 ~ 6mm 白色米形珍珠和 2mm 镀金隔珠，用双圆头钳子对 9 针尾部进行弯卷。同理，一共做出 3 组珍珠吊坠组件备用。

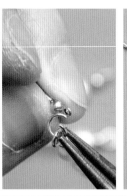

28　如图所示，用开口圈将前面制作的两种珍珠吊坠组件连接起来。

29　将上一步组合成的组件用开口圈连接在金属流苏链上。

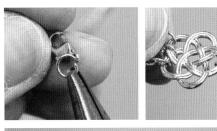

30 取一个编绳形保色金铜配（可用其他三孔的吊坠代替），用开口圈把3条金属流苏链连接上去。

31 在编绳形保色金铜配未连接金属流苏链的一端用两个开口圈连接龙虾扣，完成流苏链主体的制作。

32 最后，在桃花簇收尾处预留的圈孔上装上开口圈，再把流苏链组件挂上。可拆卸流苏链的桃花簇发梳就制作完成了。

麟风·仿点翠发钗

苞拆深擎露，枝拖翠出蓝。

材料与工具

花片（叶形、单弧形、多弧形、多弧叶形）、蚕丝线（深蓝色、中蓝色、浅蓝色、白色）、波浪形U钉、近圆白珍珠（3～4mm）、0.3mm铜丝若干、棕色绒线、镊子、珠宝胶、剪刀

制作步骤详解

花片准备

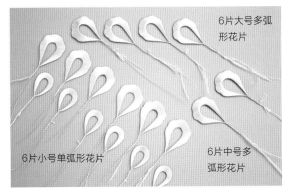
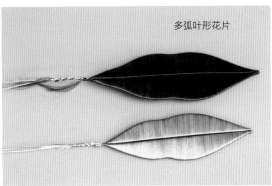

6片大号多弧形花片

多弧叶形花片

6片小号单弧形花片

6片中号多弧形花片

1 用浅蓝色丝线分别缠绕好6片小号单弧形花片、6片中号多弧形花片、6片大号多弧形花片，再用深蓝色和中蓝色丝线缠绕出2片多弧叶形花片。

花蕊制作

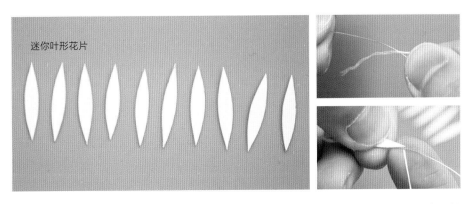

迷你叶形花片

2 根据本书附赠的花片图样，剪好10片迷你叶形花片（不需要对半剪开），然后用白色丝线将其缠绕在铜丝上。

3 把所有迷你叶形花片按照一字顺序用白色丝线缠绕在同一根铜丝上，效果如图所示。

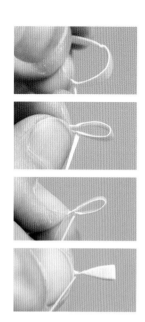

4 将最后一片迷你叶形花片横向对折,用白色丝线固定其两端。注意:花片对折后不需要压平,使其中间形成一个有弧度的圈。

5 同理,弯折好所有的迷你叶形花片,调整位置后做成如图所示的花蕊。

组合固定

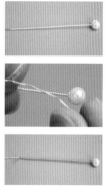

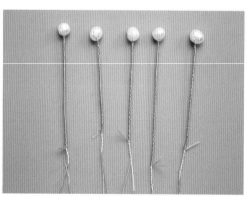

6 准备5根珍珠杆,并将杆部用中蓝色丝线包裹起来。

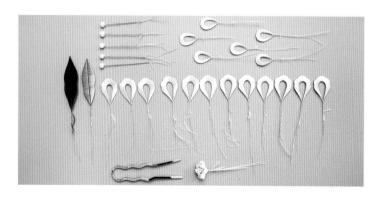

7 如图所示,准备制作本款发钗需要的组件,分别有2片叶子、5支珍珠杆、6片单弧形花片、12片多弧形花片、1个花蕊组件以及1个波浪形U钗。

8　用棕色绒线将第一层的单弧形花片缠绑在花蕊周围。

9　依次缠绕第二层中号多弧形花片。

10　依次缠绑第三层大号多弧形花片。

11　用棕色绒线将杆部完全包裹住后，把棕色绒线卡在铜丝分叉处做暂时性固定。接着用手调整花瓣造型，完成主体花朵部分的制作。

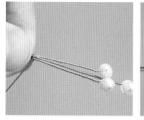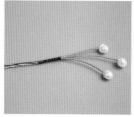

12　取 3 根珍珠杆，用深蓝色丝线将其缠绑在一起。

13　同样用深蓝色丝线将两片叶子缠绑在一起。

14　将叶片组件和珍珠杆组件缠绑在一起。

15　用镊子弯折花朵枝干，使其弯曲 90°。

16　将叶片组件用棕色绒线缠绑在波浪形 U 钉上，然后在波浪形 U 钉中间位置添加花朵，接着在靠近尾端处添加剩余的珍珠杆。

17 用剪刀剪去多余的铜丝，并将枝干尾部弯曲，用棕色绒线包裹杆部直至无铜丝裸露。随后在棕色绒线打结处点涂珠宝胶进行加固，用手抹匀后即可完成发钗的收尾制作。

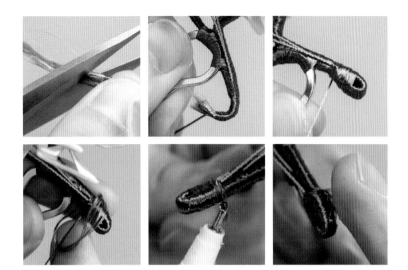

18 为防止花枝在波浪形U钗上出现滑动不稳的情况，在波浪形U钗与杆部丝线的连接处点涂珠宝胶，进行加固。

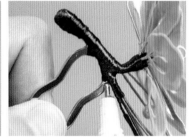

19 用镊子调整花朵以及珍珠杆的位置与造型，"麟风"发钗制作完成。

彰华·仿点翠发梳

回顾生碧色，动插扬缥青。

材料与工具

花片（单弧形、心形、多弧形、对称叶形、不对称叶形）、蚕丝线（深蓝色、浅蓝色）、波浪形四齿梳、金属花蕊、近圆白珍珠（5～6mm）、粉色米形珍珠（5～6mm）、镀金隔珠（3mm）、0.3mm铜丝若干（金、银两色）、棕色绒线、镊子、珠宝胶、钳子、剪刀、圆柱形笔杆

制作步骤详解

花片准备

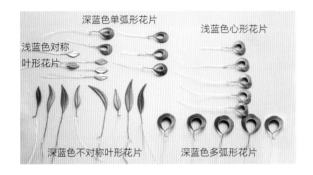

1　按照本书附赠的图纸，准备好花片并缠绕好丝线。分别有浅蓝色的对称叶形花片5片、深蓝色单弧形花片5片、浅蓝色心形花片5片、深蓝色多弧形花片5片、深蓝色不对称叶形花片8片。

花朵制作

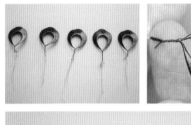

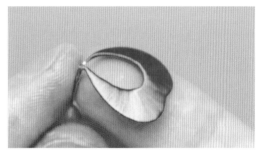

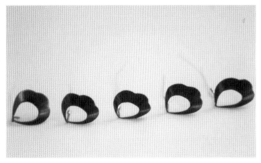

2　如图所示，将多弧形花片在合拢处弯折90°后备用。

3　如图所示，将心形花片在合拢处弯折90°后备用。

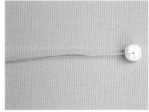
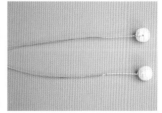

4　将铜丝穿过5～6mm近圆白珍珠，对折铜丝并绞紧做成珍珠杆。同理，用同样的方法再做1组珍珠杆备用。

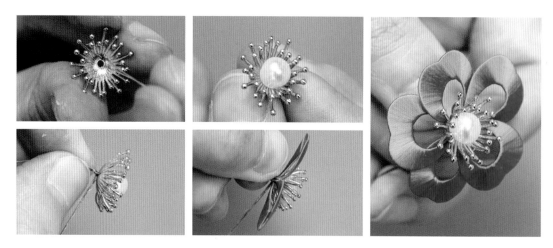

5 将珍珠杆穿过金属花蕊，用棕色绒线缠绕杆部进行初步固定，接着将准备好的 5 片心形花片均匀地缠绑在
花蕊四周，组合效果如图。

6 将多弧形花片均匀地缠绕在花朵组件上作为第二层花瓣，然后继续用棕色绒线包裹花杆做暂时性固定。

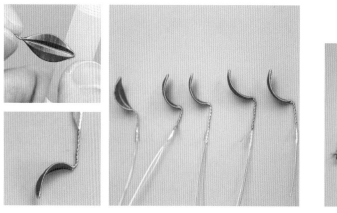

7 将对称叶形花片压在圆柱形笔杆上，弯折成如图所示的造
型。

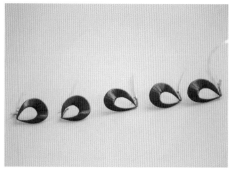

8 把单弧形花片弯折 90° 后备用。

9 参照前面的方法制作一组花蕊，随后用棕色绒线将对称叶形花片均匀地绑在花蕊四周。

10 在花朵上缠绑单弧形花片作为第二层花瓣，同样用棕色绒线包裹花杆做暂时性固定。

11 用镊子将对称叶形花片反向塞进单弧形花瓣的空隙中，做出花型偏小的仿点翠花朵，最终效果如图所示。

叶 片 制 作

12 将 8 片不对称叶形花片进行分组，以防后期组合时弄混，导致出错。

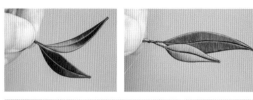

13 按照上一步展示的叶片分组示意图,用深蓝色丝线将需要组合的叶片绑在一起,做出叶片组。

14 同理,将余下叶片分别缠绑完毕,做出 4 组叶片组备用。

组合固定

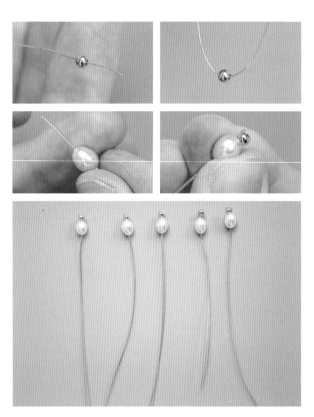
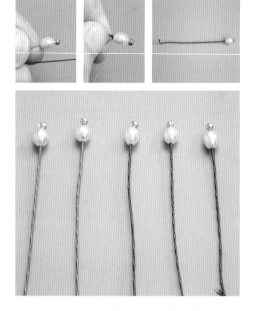

15 将铜丝穿过镀金隔珠后对折,铜丝两端同时穿过粉色米形珍珠。同理,准备 5 组珍珠杆备用。

16 将 5 组珍珠杆的杆部分别用深蓝色、浅蓝色丝线包裹起来。注意:靠近珍珠的位置需要缠绑得厚一些以固定珍珠,缠线效果如图。

17 用镊子将前面制作的两朵花的花杆分别弯折90°后备用。

18 在偏小的花朵的花杆上添加3组叶片以及2组珍珠杆，花叶的位置如图所示。

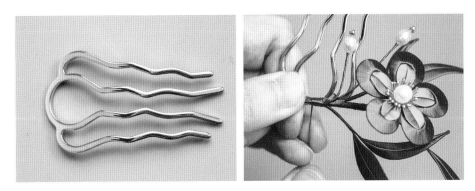

19 取出波浪形四齿梳，用棕色绒线将四齿梳与小花朵组件缠绑在一起。

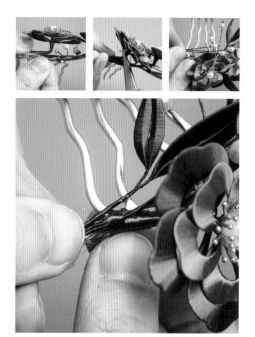

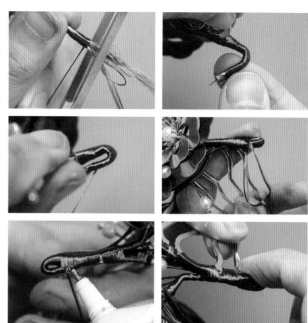

20 在发梳中间位置添加大花朵组件，绑紧后再加上余下的 3 组珍珠杆，最后加上余下的 1 组叶片。

21 待所有组件都组合固定后在花杆收尾处多缠绕 3cm 左右，然后用剪刀剪去多余铜丝，用钳子弯折尾部。用棕色绒线包裹收尾处直至无铜丝裸露，打结收尾后点涂珠宝胶加固，再用手抹匀胶水。

22 最后，用镊子调整整体造型和各组件之间的位置，仿点翠发梳制作完成。

一、滑线

滑线是指在缠绕纸胎的过程中，丝线在纸胎的受力点处无法固定导致位移的情况，以及对缠绕好的花片进行塑形、调整时丝线出现松动、下滑，致使花片报废的情况。

滑线的原因及解决技巧

传统缠花工艺中丝线和纸胎间的摩擦力是保证固定效果的关键。因此，我们可以从以下四个方面来进行分析。

制作过程中滑线

成品花片滑线

1. 材料选择

● 丝线材质

不同材质的丝线在纸胎上产生的摩擦力差别很大。从理论上说，越光滑的丝线越容易出现滑线的情况。

相较于化纤丝线，蚕丝线在手感上带有微涩的天然质感，在缠绕纸胎时更容易固定。因此新手在练习传统缠丝法时，推荐采用蚕丝线作为主要线材。

化纤丝线根据不同的材质，光滑度也有所差异，常用的化纤丝线有丝光线、绒线等。丝光线光滑度略大于蚕丝线，相较于蚕丝线也更容易滑线。绒线不需要劈丝，光滑度非常高，极易滑线，一般推荐在绑杆的过程中使用，不建议直接用于花片缠丝。

● 纸胎材质

选购卡纸时可以以普通名片的材质作为参考，不需要过分追求光滑。有些卡纸表面覆有一层防水膜（如一些食品包装盒），这样的卡纸就不太适合用于缠花的制作。纸胎边缘的光滑程度会对摩擦力产生影响，相较于购买的纸胎切片成品，自行裁剪的纸胎边缘的摩擦力更佳。因此更加推荐新手练习时自己动手来准备纸胎。

劈丝蚕丝线自然状态

劈丝蚕丝线绷直状态

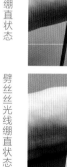

劈丝丝光线自然状态

劈丝丝光线绷直状态

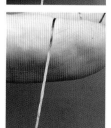

未劈丝绒线自然状态

未劈丝绒线绷直状态

2. 缠丝角度

准确的缠丝角度是解决滑线问题的关键。一般来说，缠丝时的最佳状态是丝线的走向垂直于弧边的切线。虽然在实际操作中很难做到完全垂直，但是尽量向垂直角度靠近可以有效增加受力面积，避免出现滑线的情况。

● 正确的缠丝示意图

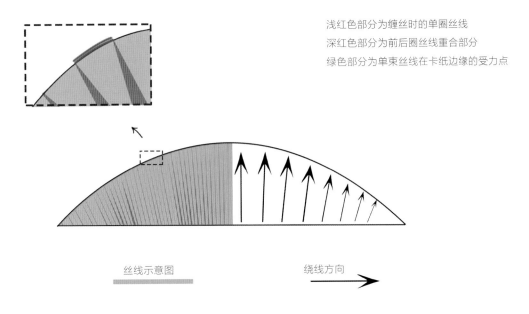

浅红色部分为缠丝时的单圈丝线
深红色部分为前后圈丝线重合部分
绿色部分为单束丝线在卡纸边缘的受力点

丝线示意图　　　　　绕线方向

● 错误的缠丝示意图

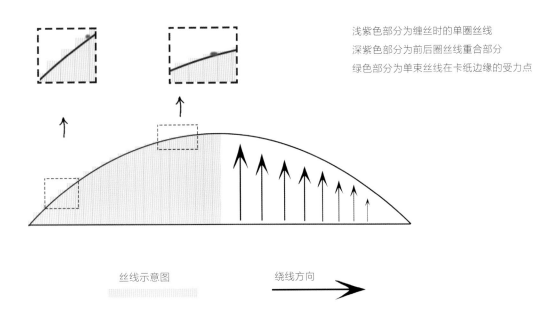

浅紫色部分为缠丝时的单圈丝线
深紫色部分为前后圈丝线重合部分
绿色部分为单束丝线在卡纸边缘的受力点

丝线示意图　　　　　绕线方向

从错误示意图中可以清楚看出，如果缠绕的丝线垂直于底部直线，弧边上每束丝线的受力点仅在丝线的一侧，缠丝时单束丝线一侧受力，出现分叉，另一侧向下滑脱。同理，一些花片初做成时看着没有问题，一旦在塑形时弯折，原本的受力点会因为作用力的不均衡导致弧度处的丝线出现滑脱的现象。

3. 使力方向

使力方向不正确的情况下，花片在缠丝的过程中会出现滑线。这里我们记住一个原则——力向中间使。无论自己的缠丝习惯是从左往右还是从右往左，使力方向都要靠近花片的中心位置。

使力方向错误示意图

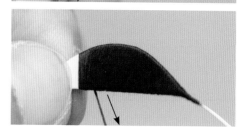

使力方向正确示意图

4. 纸胎形状

自己设计纸胎的情况下，新手往往不容易掌握纸胎形状对滑线率的影响。出现滑线时，如果以上三种解决方案都没有起到实质性作用，则考虑是否是纸胎本身的形状导致的滑线。

一般来说，纸胎弧度越大，则缠绕时越易发生滑线。纸胎形状引发的滑线可以通过以下思路解决。

●直接变形法

直接变形法是指直接将大弧度角改成小弧度角的方法。这种方法会改变花片的原始形状，适用于会被其他花片遮挡的部分，如叶柄的连接处、多层花瓣的最外层花瓣底部。

●多片分割法

多片分割法可以在不改变形状的前提下降低滑线率，本书中三分花片和四分花片的案例中即采用了该思路来对花片进行分割。多片分割法在制作过程中会使工序和耗材增加，花片表面会有明显的分割线，适合用于制作荷花花瓣等需要体现花瓣纹理的花片。

●轮廓运用法

轮廓运用法虽然无法做到全图形的覆盖（中间位置镂空无纸胎），但是可以保留所需花片的基本外部轮廓。除了图中的镂空方法外，其实弧形花片本质上也是通过轮廓运用法制作出的。由此种方法可以衍生出其他的花片样式，使作品更加丰富多彩。

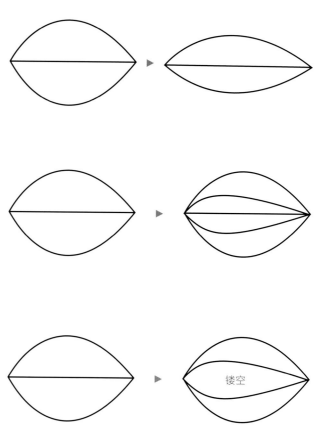

●基底直线变形法

基底直线变形法可以在降低滑线率的基础上增加叶片的流线感，增强成品的动态美。

二、露白

露白指的是缠绕完成的花片的丝线之间产生缝隙，导致纸胎底色暴露的情况。露白非常影响花片的美观度，正面的露白往往在制作过程中就可以被发觉，而背面的露白往往在制作完成后才会被发现，此时再进行调整为时已晚。

线束扭转示意图

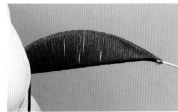

缠绕松散示意图

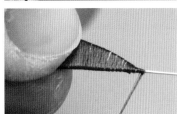

接线疏忽示意图

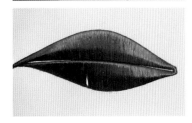

露白的原因及解决技巧

1. 线束扭转

缠丝时，需要时刻关注手中线束的平整度，保证手中的线束始终在扁平的片状状态下进行缠绕。一旦扭转可以向反方向回扭丝线，对丝线进行调整。

反向回扭线束，
调整线束平整度

扭转状态下的线束　　　　　正常扁平状态下
　　　　　　　　　　　　　的线束

2. 缠绕松散

在纸胎上缠绕丝线时，前后圈需要有微小的重叠。一方面可以避免缠绕松散带来的露白，另一方面也可以对前一圈丝线进行有效的固定。

前后圈压线

松散排线造成露白　　　　后圈压前圈增加缠绕密度

3. 接线疏忽

缠绕纸胎的过程中如果需要接线，那么需要注意背面接线处的情况。新接线束的第一圈至少要有一半与旧线束的最后一圈重合，这样才能保证接线处"天衣无缝"。

背面接线处做到完全覆盖空白

接线疏忽造成背面露白　　　　新线压老线，杜绝露白

三、平整度低

花片的平整度指的是丝线在纸胎上呈现的视觉效果。丝线的线迹越不明显则说明平整度越高。由于受到光线的影响，在不同的角度下观察同一片成品花片，其呈现的效果也有很大的差异。所以判断花片平整度不能只依据一个角度下的视觉效果，最有效的方法是观察在动态光照射下花片表面丝线对光线的折射效果。

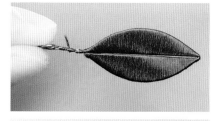

平整花片顺光视觉效果

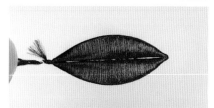

平整花片逆光视觉效果

不平整花片视觉效果

影响平整度的原因及解决技巧

1. 劈丝不足

在丝线未劈丝或劈丝后的丝线仍然绞在一起的情况下进行缠丝，在做出的成品上可以明显看到不平整的线迹。

所以劈丝后检查线材是非常关键的步骤，保证线材劈丝后呈现扁平的形态是提高平整度的关键。

未劈丝花片效果

劈丝花片效果

2. 单束丝线扭转不平

当单束丝线在扭转的状态下进行缠丝时，扭转处的丝线就会厚于平坦处的丝线，形成线扭结点。线扭结点处比较窄，新手想要避免露白会多次在同一处绕线，造成花片上的丝线厚度不一、线迹混乱，从而使花片表面粗糙，平整度下降（见图1、图2）。

要解决线束扭转产生的不平整，需要在制作过程中随时注意线束的状态，出现扭转时及时反向捻丝使其归正。

颜色越深则代表丝线重叠度越高

图1

图2

四、起点与终点的丝线堆积

新手在缠丝时常导致纸胎首尾的丝线堆积。但是首尾处丝线堆积是由不同的原因造成的，对症下药才是稳妥的解决之策。

起点处丝线堆积的原因及解决技巧

起点处的丝线堆积主要是由于初始缠绕时丝线缠绕得不够牢固且使力方向不正确。在缠绕最开始的几圈丝线时，新手往往会向外发力，后一圈丝线不断往前推前一圈丝线，前端丝线不断向外滑脱，缠绕过程中不知不觉就会形成一坨丝线的堆积物。

针对起点处丝线堆积的问题，最关键的是在起头时注意使力的方向，力向中间使，通过丝线与弧边的摩擦力来固定丝线。

起点丝线堆积示意图

终点处丝线堆积的原因及解决技巧

终点处的丝线堆积主要是由于过度缠绕。临近终点处比较容易出现滑线情况，此时如果缠丝的角度不正确，丝线会出现散丝、后部分下滑的情况。新手为了填补滑线后出现的空白，往往会在此处反复绕线，从而造成丝线的堆积，但由于没有改变角度，成品依旧很容易出现滑线、露白的情况。

针对终点处丝线堆积的问题，最关键的是"知错就改"。一旦出现滑线的迹象就必须进行回缠调整，将缠丝角度调整正确才能真正避免滑线、露白，否则就会变成掩耳盗铃。

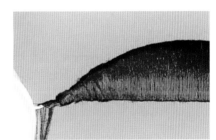

终点丝线堆积示意图

五、勾丝

勾丝是指劈丝后的线材接触到不平整的表面后，组成线束的微小丝纤维被勾带而出，致使平整线束起毛或尾部结团的情况。

勾丝的原因及解决技巧

手部粗糙往往容易造成线材的勾丝。特别是在冬季，手部会因干燥出现一些细小的裂纹和死皮，这时候制作缠花特别容易损伤丝线。

制作缠花前用热水泡手两分钟后抹上护手霜，待护手霜完全吸收后再开始。这样可以有效改善因手部粗糙而引发的勾丝。

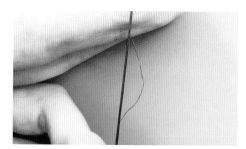
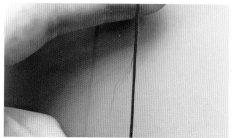
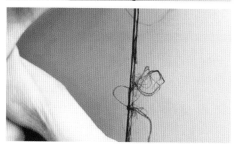

六、花片边缘变形

花片边缘变形是由于缠丝时用力过猛，丝线缠绕过紧使纸胎边缘凹陷。缠丝的过程讲究一个"巧"字，合理的缠丝角度配合正确的使力方向就可以使丝线稳稳地固定在纸胎上，而不是使的力越大就缠得越稳定。出现花片边缘变形的情况时，试着减小缠丝的力度。

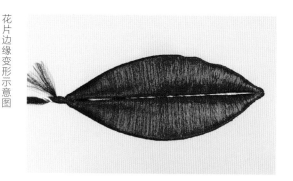

花片边缘变形示意图

花片线稿别册

秋芽 · 枫叶发钗

均为叶形花片

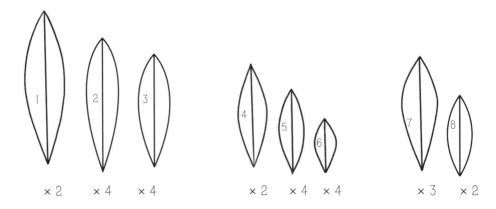

×2   ×4   ×4   ×2   ×4 ×4   ×3   ×2

▼

枫叶组合

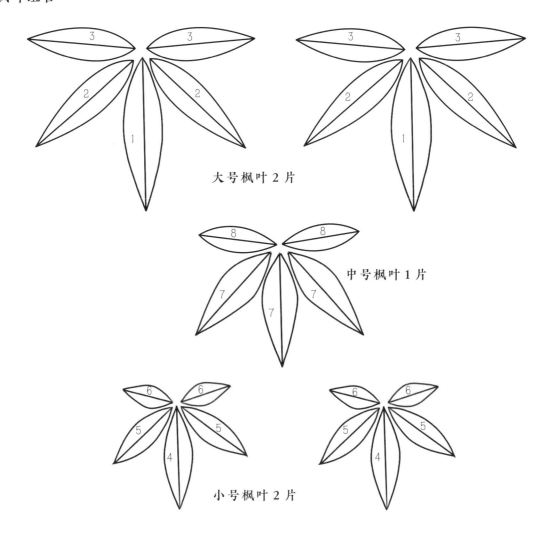

大号枫叶 2 片

中号枫叶 1 片

小号枫叶 2 片

果子·玛瑙珠小发钗

均为多弧边叶形花片

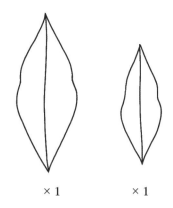

×1   ×1

暮金·银杏叶步摇

均为多弧形花片

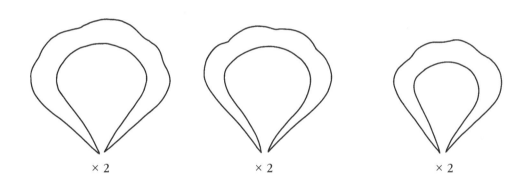

×2   ×2   ×2

清书·竹叶发梳

均为叶形花片

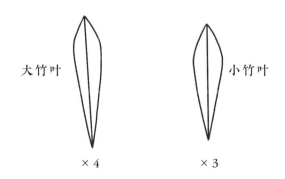

大竹叶   小竹叶

×4   ×3

酥桃·桃花发梳

均为叶形花片

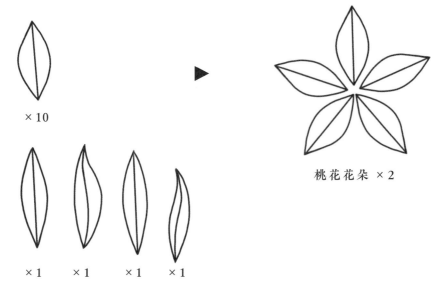

× 10

× 1　× 1　× 1　× 1

桃花花朵 × 2

无尽夏·绣球花发梳

均为叶形花片

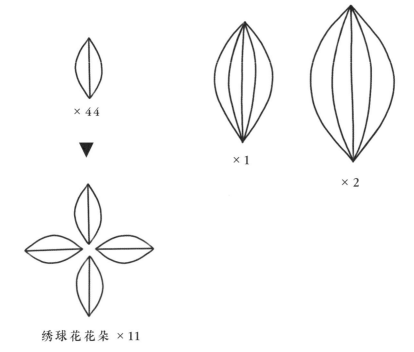

× 44

× 1

× 2

绣球花花朵 × 11

墨兰·兰花软簪

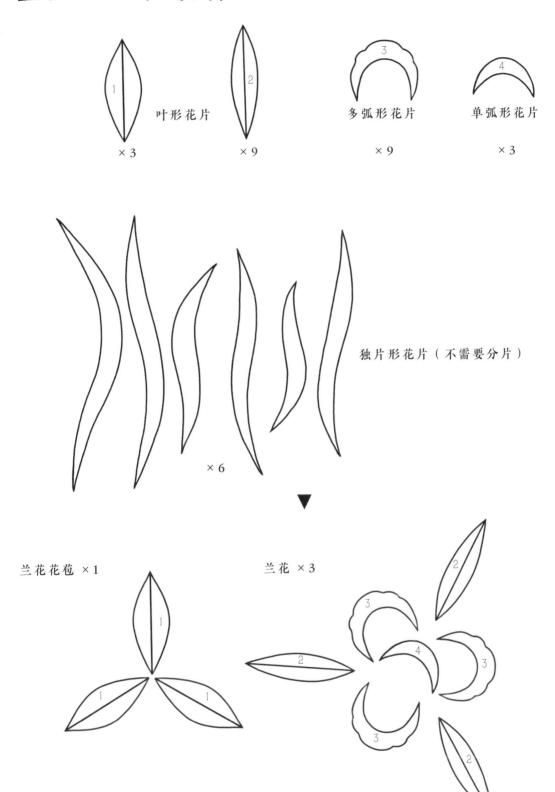

叶形花片

×3   ×9

多弧形花片   单弧形花片

×9   ×3

独片形花片（不需要分片）

×6

兰花花苞 ×1   兰花 ×3

绯染 · 樱花发钗

叶形花片

×24

▼

花苞 ×3

花朵 ×3

傲寒枝 · 三分梅花簪

三分梅花花片

×18

▼

花苞 ×1

花朵 ×3

傲霜枝·四分梅花发钗

四分梅花花片

×21

花朵 ×3

花苞 ×2

隐逸花·菊花发钗

菊花花瓣花片的 4 种形状

×6

×8

×10

×12

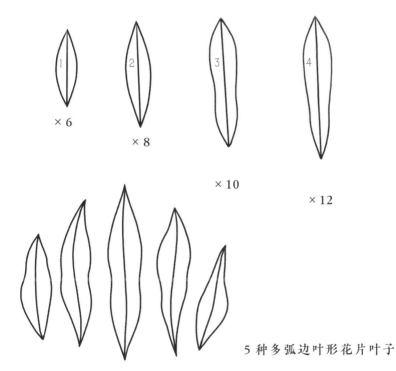

5 种多弧边叶形花片叶子

菊花从内到外:

第 1 层

第 2 层

第 3 层

第 4 层

一片完整叶子

好柿成双·柿子发夹

柿子形花片 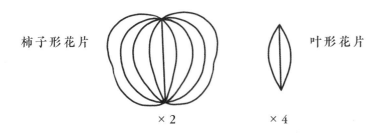 叶形花片

×2　　　　　×4

寿和·桃子发梳

均为叶形花片

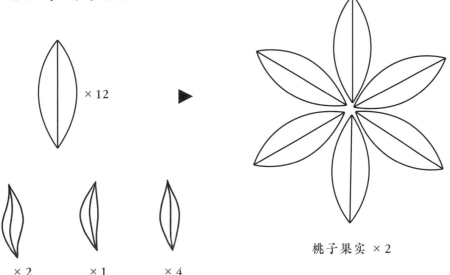

×12　　▶

×2　　　×1　　　×4

桃子果实 ×2

静立·蜻蜓发钗

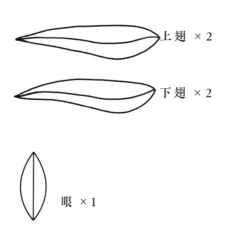

上翅 ×2

下翅 ×2

眼 ×1

翅膀组合

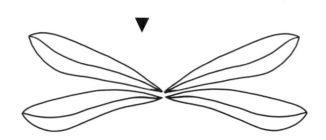

比翼双飞 · 正翅蝴蝶软簪

正翅蝴蝶造型花片

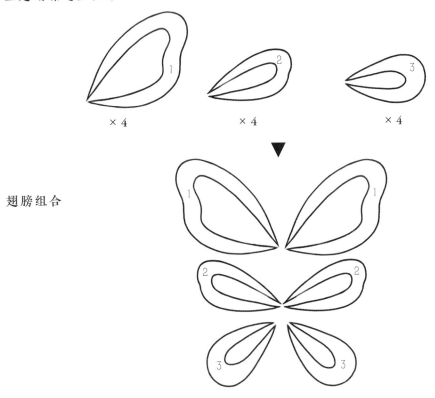

翅膀组合

翩然 · 侧翅蝴蝶发钗

侧翅蝴蝶造型花片

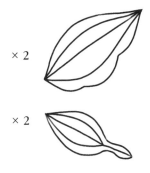

云月相依桂枝香·云桂簪

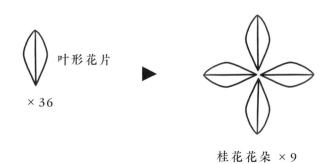

叶形花片 ×36 ▶ 桂花花朵 ×9

月形花片 ×2

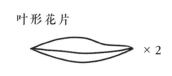

叶形花片 ×2

云纹形花片 ×1

叶形花片 ×2

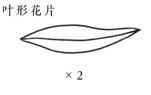

一枝春·桃花簇步摇

均为叶形花片

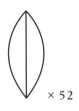

×52

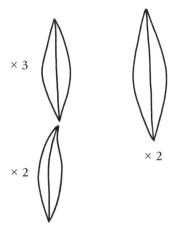

×3

×2

×2

▼

花苞 ×4

花朵 ×8

麟风·仿点翠发钗

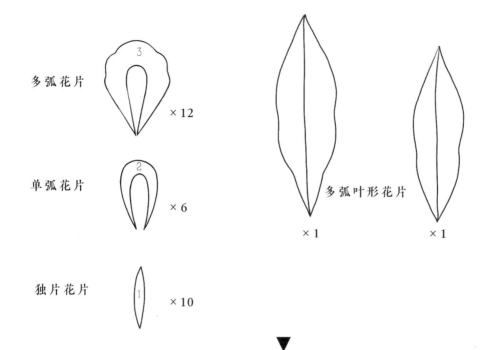

多弧花片   ×12

单弧花片   ×6

独片花片   ×10

多弧叶形花片

×1   ×1

▼

花朵从内到外的排列方式

第 1 层

第 2 层   第 3 层

彰华·仿点翠发梳

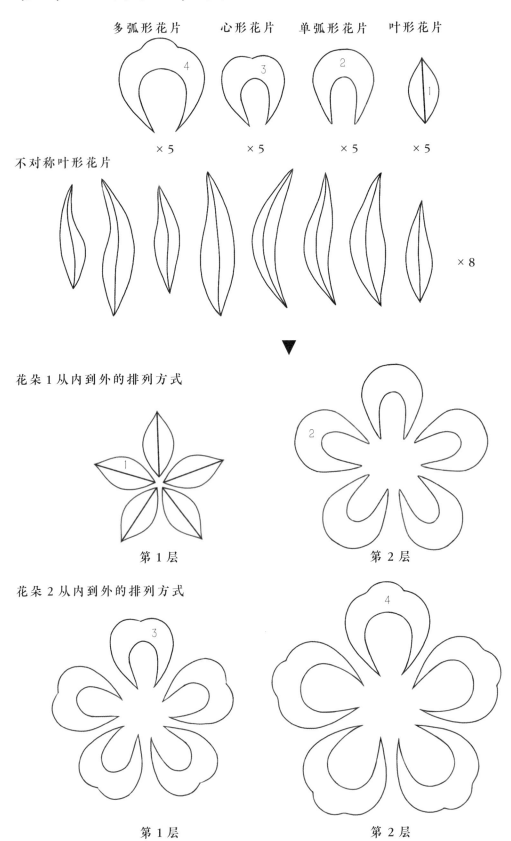

多弧形花片　心形花片　单弧形花片　叶形花片

×5　　　×5　　　×5　　　×5

不对称叶形花片

×8

花朵 1 从内到外的排列方式

第 1 层　　　　　　第 2 层

花朵 2 从内到外的排列方式

第 1 层　　　　　　第 2 层